新型职业农民培育系列教材

稻田养殖实用技术

万丽红　张亚东　主编

中国农业大学出版社
·北京·

图书在版编目(CIP)数据

稻田养殖实用技术/万丽红,张亚东主编,—北京:中国农业大学出版社,2014.12

ISBN 978-7-5655-1125-7

Ⅰ.①稻… Ⅱ.①万…②张… Ⅲ.①稻田-水产养殖 Ⅳ.①S96

中国版本图书馆 CIP 数据核字(2014)第 285442 号

书　名　稻田养殖实用技术

作　者　万丽红　张亚东　主编

责任编辑　张　蕊

封面设计　郑　川

出版发行　中国农业大学出版社

社　址　北京市海淀区圆明园西路 2 号　**邮政编码**　100193

电　话　发行部 010-62818525,8625　读者服务部 010-62732336

编辑部 010-62732617,2618　出　版　部 010-62733440

网　址　http://www.cau.edu.cn/caup　**e-mail** cbsszs @ cau.edu.cn

经　销　新华书店

印　刷　北京俊林印刷有限公司

版　次　2014 年 12 月第 1 版　2014 年 12 月第 1 次印刷

规　格　850×1 168　32 开本　3.375 印张　80 千字

定　价　12.00 元

编委会

主　　编　万丽红　张亚东

副 主 编　高雅玲　田泰琨　吕　鑫　于丽莹

贺　宇　宋　军　崔占国

编　　者　（按姓氏笔画排序）

万力波　张亚辉　张庆兰　王秀芬

王宝占　张继东　兰永富　金　凤

任　莉　徐丽娟　苗永建　王洪英

吴宏宇　谷春香　洪喜双　王志强

战传标　王一鸣　邱英楠　范立宝

姚凤君　李权哲　于国强　刘　彤

崔占柱　王国忠　吕兆绵　韩月明

前　言

稻田养殖是一种根据生态经济学原理在稻田的生态系统中进行良性循环的生态养殖模式。在改善稻田生产条件方面，稻田养殖能有效提高稻田的综合生产能力；从增加农民收入角度来讲，稻田养殖能有效促进农业生产结构的调整，实现增产增收；从我国人多地少的实际情况来看，稻田养殖能带动综合经营，有效提高单位面积产量和收益。

本书从稻田养殖的实际出发，详细介绍稻田河蟹养殖和稻田养鸭的实用技术。

河蟹是特种水产养殖中的一个珍品，养殖河蟹能充分利用各类水域资源，具有投资少、见效快、不毁田、无污染，千家万户都能养等优势。稻田养蟹充分利用和发挥稻田的特点，节水节地进行水产养殖，不仅提高经济效益、社会效益和生态效益，而且还稳定了水稻产量，增加了农民收入。

养鸭是一项投资少、见效快的致富产业。民间流传有“鸭在水中游，不愁盐和油”，“要想发，多养鸭”的说法，本书介绍稻田围栏养鸭的意义，稻鸭共栖的基础和依据，稻田围栏养鸭模式，稻田建设及稻、鸭的种养管理技术，鸭病及稻田病虫害防治。

科技兴农，前景广阔，任重道远，我们期望本书能够起到加强广大农民的教育和培训，发展效益农业，促进科学技术知识在农村的传播的作用。同时，也真诚希望广大读者对这本书提出宝贵意见和建议，以便不断修订完善。

编　者

2014 年 9 月

目　　录

第一部分　稻田养蟹

一、稻田养蟹概述

(一)稻田养蟹的现状及效益

河蟹,学名中华绒螯蟹,为我国传统名贵水产品之一。20世纪80年代我国突破河蟹人工育苗技术以后,人工养蟹发展迅速,现已成为我国淡水养殖的主要名优品种之一,产量达12.3万吨。进入90年代以来,广大农户在稻田养鱼的基础上发展了稻田养蟹这一人工养蟹的新模式。虽然稻田养蟹发展的历史不长,但发展很快,已成为一些水稻产区发展效益农业的主要模式之一,产生了良好的经济效益和社会效益。

(二)稻田养蟹的主要养殖方式

由于各地气候不一,水稻耕作及养殖操作习惯等差异较大,稻田养蟹形式多样。例如,从养成规格分,有养成蟹和蟹种;从养殖水平分,有精养、半精养及粗养;从养殖品种分,有专养和混养;从稻蟹之间的关系分,有稻蟹兼作(即稻田中既种稻又养蟹)、稻蟹轮作(即种一季稻,养一季蟹)和稻田专养(即稻田当年只养蟹,不种稻)等,本书主要介绍养殖成蟹,放养蟹苗或仔蟹,当年养成商品蟹。

(三)稻田的环境与河蟹的适应性

稻田的浅水环境是水稻种植对环境的基本要求,但这种浅水环境对水产养殖品种来讲是不利的。由于稻田水浅,水体小,环境变化较大,对河蟹的蜕壳生长会产生一定的影响。影响稻田中河蟹生长的重要环境因素包括水温、溶氧、酸碱度(pH)、水生动植物及光照等。

1. 水温

蟹属变温动物,本身没有调节体温的能力,其体温随水温的变化而变化,因此,稻田中水的温度直接影响河蟹的摄食及蜕壳生长等。河蟹在水温10℃以下时,摄食基本停止;水温高于10℃时,摄食开始随着水温的升高而增加。当水温在20～28℃时,河蟹进入最佳生长期;当温度进一步升高到30℃以上,蜕壳受到抑制。此外,水温骤变对河蟹的生长变态十分不利,特别是幼蟹,温差超过3～4℃就有可能引起大批死亡。由于稻田水浅,水体小,水体对温度变化的缓冲作用很弱,水温的变化直接受气温、光照等影响,昼夜温差较大。据测定,早晨3～6时最低,水温在15时左右最高,变幅在4.5～14.6℃。稻田中的水温在某些情况下可能会超过蟹的生存极限温度。

2. 溶氧

河蟹虽然不会因为水中溶氧低而"浮头"窒息,但当水中溶氧低于3毫克/升时,会爬上岸,摄食减弱或停止,因此,要求水中溶氧在5毫克/升以上。

稻田中的溶解氧主要来自两个方面:一是稻田中水生植物及浮游植物光合作用产生的氧气;二是空气中溶入水中的氧气。空气中氧的溶入与气温、气压等密切相关。稻田水浅,水表面与空气接触面大，水中溶氧容易从空气中得到补充，又容易随着气温的升高、气压的下降从水中逸出。据测定，水中溶氧变幅在2.25～10.7毫克/升，月平均值为3.35～7.80毫克/升，这一溶氧量基本上适合蟹的生长。但在夏季高温时，由于天气热，在雷雨天、闷热天时气压低，溶解氧下降，如8月份的溶解氧平均值为2.56～5.92毫克/升，可能会对河蟹生长产生影响。虽然河蟹对溶氧的变化有较强的适应性，不会像鱼虾那样会因缺氧窒息死亡，但当溶氧低于3毫克/升时，蟹的摄食生长均会受到影响。

3. 酸碱度(pH)

水的酸碱度即水中的氢离子浓度，用pH表示。以pH等于7为中性，当pH大于7时，水呈碱性；当pH小于7时水呈酸性。大多数水产养殖品种适宜的pH在6.5～9.5范围，但河蟹在酸性环境中，会产生甲壳钙沉淀，影响蜕壳生长。因此，要求水体pH在7～8。

在池塘中影响水体pH的主要原因是水中的游离二氧化碳和碳酸氢盐的比例。而在稻田中，由于水体小，水中pH直接受土壤的酸碱度影响。在山区、黄土丘陵土质往往呈酸性，养蟹的田块需经常用生石灰改良土质，提高pH；在平原地区，土质一般为碱性或微碱性，适宜于河蟹的生长。

4. 水生动植物

稻田中的水生动植物主要有水生植物、浮游生物、水生昆虫、底栖生物及鱼类等。

(1)水生植物。稻田中的水生植物除了水稻以外，常见的野生水生植物有各类浮萍、金鱼藻、牛毛毡、矮慈姑、鸭舌草等，人工种养的有绿萍、水葫芦、水花生等。水生植物种类较多，既可为河蟹补充植物性饵料，又可提供良好的栖息、荫蔽场所。

(2)浮游生物。包括浮游动物,如轮虫、枝角类及桡足类,浮游植物,如蓝藻、硅藻等藻类。浮游生物是蟹苗放养入田后的天然饵料。

(3)底栖动物及水生昆虫。底栖生物主要有水蚯蚓、蚌、螺及一些水生昆虫的幼体,为河蟹的主要天然动物性饵料。

(4)鱼类。稻田中的鱼类主要有泥鳅、黄鳝、小鲫鱼、麦穗鱼等,这些鱼类与河蟹争食,甚至危害幼蟹及软壳蟹。

5. 光照

河蟹对光照的要求随不同生长发育阶段而异。在幼体发育早期几乎处于黑暗状态,后期需适当光照;幼体变态阶段需要的光照强度 2 000～6 000 勒克斯;在河蟹养成期,河蟹不喜光,具有昼伏夜出的习性。在稻蟹兼作的稻田中,水稻可以起到较好的遮光作用,在稻田专养及轮作稻田中需种些水生植物作为遮阳物。

二、稻田的选择与改造

根据河蟹的生活习性和对环境条件的要求,选择适宜的田块,搞好田块改造,是稻田养蟹成败的关键之一。

(一)田块选择的基本要求

稻田只要经过合理的改造,基本上能适合养蟹。但是由于稻田分布广,稻田的供排水条件、水质、田块大小等不同,养蟹条件也有差异,因此,在选择养蟹田块时应注意以下几点。

1. 水源及水质

养蟹的田块必须要有充足的水源,以满足在夏季干旱季节向养蟹田块不断注入新水的需要。水源可来自江河、湖泊、水库、池塘等，但要求水质清新，不受污染，pH 在 7～8.5，符合国家渔业用水标准。

2. 田块位置

河蟹具有昼伏夜出的生活习性，喜欢上岸活动，喜安静清新的水域环境。因此，一般要求选择进、排水较为方便、水质良好无污染、离村镇和交通要道较远、通路通电、旱涝保收的田块，其中以能自然进、排水的田块为好，节约电费，降低成本。田块面积以自然田块为单位，每块在 0.07～0.3 公顷。养蟹田块要求集中连片，以便规模经营。在选择田块位置时，还应注意洪涝灾害的影响。虽然养蟹田块加固、加高了田埂，但如果所处的位置较低，一遇暴雨，排水不畅，也易造成洪涝灾害。

3. 土质

养蟹稻田的土质要求以选择黏土、壤土为好。土质为壤土或黏土的田块，不渗不漏，保水保肥力强，土质肥沃，酸碱度为中性或微碱性，利于水质培育和管理，为河蟹生长创造一个良好环境。要注意避免选择酸性土壤的田块养蟹，否则将影响河蟹蜕壳生长。在山区、丘陵地区的土质，往往是黄土，呈酸性，在这些地区养蟹的田块要用生石灰进行改良。

（二）田块的改造

在河蟹养殖之前，必须对原有的稻田按设计要求进行改造。稻田改造工程的主要作用是改良稻田河蟹生长环境，扩大河蟹栖息生活空间，提供河蟹安全栖息场所，防止逃蟹，使原来只适合于水稻种植的田块改造成为既适合于种稻，又可以养蟹的稻田。养蟹稻田的改造工程主要包括暂养池工程，田埂加固、加高，环形沟的开挖以及防逃设施的设置等。

1. 暂养池工程

一般暂养池面积是养蟹面积的1/10以上,暂养池可利用稻田边沟、小池坑塘等地。暂养池要平整,池深1.5米,保持30～50厘米水位,以便扣蟹栖息和活动。暂养池最好700米^{2}为一格,进排水要自成体系。

2. 田埂改造

(1)田埂改造的主要技术参数。养蟹稻田的田埂必须加高、加固。通过田埂的加高、加固在稻蟹兼作时可以尽可能地提高水位,扩大水体。

高度:田埂加高程度既要考虑到洪涝灾害的因素,又要考虑到稻田养蟹的养殖方式。稻蟹兼作的田块,由于放养密度不高,田埂可在40～50厘米。

宽度:田埂的宽度既要保证承受田块灌满水时的压力,又要方便田埂上人、畜行走。田埂顶面的宽度为50～100厘米。

坡度:稻田养蟹水体小,水位不高,田埂受到的压力不是很大,田埂的坡度主要考虑施工操作,具体可定在2∶1左右。

(2)田埂的施工。田埂加高、加固的工作量较大,应事先施工。

用于加高、加固田埂的泥土,主要取自田埂的四周或开挖条环沟的残土。

夯实加固:按设计的要求将泥土层层夯实、加固,以保证田埂结实牢固,防止渗漏、倒塌。如有条件,可用水泥板、砖砌等护坡。

3. 开挖环形沟

(1)环形沟的作用。稻田开挖沟、坑是稻田养蟹的一项基本工程,是将原来只适合于种植农作物的田块改造成既能搞种植业又能从事养殖业的一项关键性工程,具有以下作用。

①为养蟹提供栖避场所:在稻蟹兼作的田块,水稻的田间管理如晒田、除虫、施化肥、收割、插秧等往往会危及到河蟹生长或生存,因此,河蟹需要有一个暂时栖息的场所。

②扩大河蟹养殖水体,利于提高养蟹产量。稻田开挖沟、坑,既为河蟹提供较好的栖息环境,又扩大了养殖有效水体,为河蟹精养、半精养创造了条件,利于蟹产量的大幅度提高。

③方便饲养管理:条环沟作为河蟹主要栖息场所之一,可作为主要投饲场所及在捕蟹时的主要集蟹区,方便饲养管理与捕捞。

(2)环形沟的面积。环形沟的面积大小将取决于稻田蟹产量的变化。在以稻为主、河蟹为辅的情况下,田面的水体足以满足河蟹的生活所需,条环沟主要作为栖避场所,环形沟面积可占稻田总面积的10%～15%。

(3)环形沟开挖的深度。根据“浅稻深渔”的理论,养蟹稻田的环形沟要有一定的深度。沟深,养蟹水体扩大,利于蟹的生长和高产。同时,水体越大,水温、溶氧等变化越小,对躲避夏季高温等不利因素就越有利。沟的深度可在50厘米左右。

(4)环沟形布局。环沟形布局是养蟹稻田最为常见的布局类型(图1)。在刀条田埂四周开挖一条环沟,环沟离田埂1米,宽0.6～0.7米,深0.5米。环沟形布局的优点是开挖的泥土处理容易,可用于加高、加固田埂。

4. 供排水系统

养蟹稻田最好能建成独立的进、排水渠道,避免与其他农田混用。可选用直径为30～40厘米的水泥涵管连结砌成进水渠道和排水口,或用砖砌成引水明渠。若稻田近河边,也可直接用水泵将水打入田中,排水渠道可利用原有的排水设施。进、排水口按田块对角线位置设置,一般为东南、西北走向。进、排水口必须设防逃栅或网目为40目的聚乙烯网,防止河蟹外逃和敌害生物进入,确

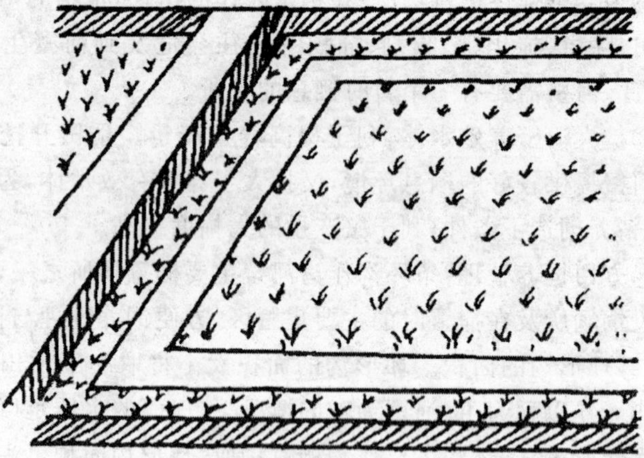

图1　环沟形布局示意图

保水流畅通和河蟹安全。特别要注意检查稻田原来有无暗沟，在蟹种放养前注意将其堵死封牢，防止逃蟹发生。为节省水电费，进、排水要尽量能自然进出或至少能自然灌水或自然排水。

5.防逃设施

河蟹具有很强的外逃能力，防逃设施选择好坏直接影响稻田养蟹的回捕率。有多种防逃设施材料和建造形式，养殖户可根据经济实力、原材料采购的难易程度和价格贵廉、养殖时间长短及养殖模式等因素来确定(图2)。目前，防逃材料主要有钙塑板、水泥薄板、玻璃钢、砖墙、塑料薄膜、铝片板等。

(1)钙塑板或塑料薄膜。钙塑板高60～70厘米，沿田埂四周埋设，地上高度50厘米，地下埋入10～20厘米，每隔0.5～1米用木桩(或竹桩)支撑，顶部再用横的木条加固，用细丝扎牢固定。钙塑板接缝处要紧密光滑不留有缝隙缝褶，保持钙塑板内面光滑，拐角处不能做成直角，而要做成圆弧形，防止河蟹在墙角处堆叠逃逸。钙塑板取材方便，价格低廉，但由于易老化而易破碎，因此难

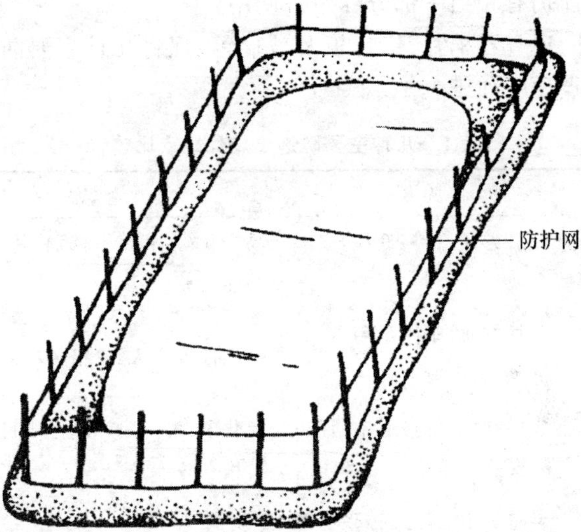

图 2 防逃设施示意图

以维修，抗风、抗洪能力也差。塑料薄膜通常采用双层薄膜，安装方法同钙塑板。塑料薄膜虽然价格低廉，购买方便，但易破损老化，抗风、抗洪能力差，要一年一换。

(2)玻璃钢。选用宽度为 60～70 厘米的平板玻璃钢，用小竹竿或木桩每隔 1～1.5 米打一根固定，地上高度为 50 厘米，埋入地下 10～20 厘米，用土夯实压结。这种材料生产厂家众多，取材方便，价格相对低廉，轻巧且安装简便，目前生产中使用较为普遍，使用时间为 5 年左右。

(3)水泥薄板。用钢筋水泥预制成长 1 米、宽 0.8～1.0 米、厚 2～3 厘米的水泥薄板，沿田埂四周铺设，水泥板入地 30～40 厘米，高出地面 50～60 厘米，板与板之间用水泥抹平，内壁尽量保持光滑，转角处做成圆弧形，墙基夯实压霉板顶端压一宽度为 20～30 厘米的铁皮，防止河蟹外逃和蛙蛇入内。水泥薄板由于取材方便，坚固耐用，抗风抗洪能力强，虽然一次性投入大，安装不太方便，但目前仍有相当一部分养殖户使用。

此外，还有石棉瓦、铝片板及玻璃等，现将几种主要防逃设施的优、缺点比较列于表1。

表1 几种主要防逃设施优缺点比较

名称	优点	缺点
钙塑板 塑料薄膜	取材方便，价格低廉，安装方便	易老化破损，难维修加固，抗风、抗洪能力差
水泥薄板 砖墙	取材方便，坚固耐用 抗风、抗涝能力强	一次性投入大，价格较高
玻璃钢 石棉瓦	取材方便，价格适中，轻巧易安装	老化程度一般，使用时间为3～5年
铝片扳	牢固耐用，轻巧易安装，回收利用率高	价格偏高，一次性投入大
玻璃	抗风防洪性能好，价格一般	易破碎

三、稻田成蟹养殖

稻田成蟹养殖是稻田养蟹的主要内容，北方主要是扣蟹养成蟹。

扣蟹当年养成蟹

概括地讲，河蟹生长发育要经过苗—扣蟹—成蟹三个阶段。虽然扣蟹直接养成商品蟹的个体规格小（大多数为100克/只），价格较低，但由于这一养殖方式具有养殖周期短、成本低、见效快的特点，目前已为不少农户采用。

1. 扣蟹放入暂养池前的准备工作

扣蟹暂养池不能施用除草剂，禁用刺激性、挥发性化肥等物。放蟹前20天，施正常施肥量一半的有机肥或农肥或化肥。在放蟹前15天，每1 000米^{2}暂养池用225千克对水泼浇消毒，杀灭病菌和寄生虫。一般每公顷需投放扣蟹2万只以内。扣蟹进池前用4%食盐水或15毫升/千克高锰酸钾溶液浸泡8～10分钟。长途运输购回的扣蟹不能马上放入暂养池中，应先在水中浸泡3分钟，提出水面10分钟，如此反复3次，再放入暂养池中。

2. 放养时间

蟹苗或仔蟹当年直接养成商品蟹，关键之一是如何进行蟹苗种的提早放养。根据河蟹生长对水温的要求，6月中旬当室外水温达到20℃左右时才可放养。在北方一般4月末直接采购扣蟹，先在暂养池暂养到6月中旬，可放入大田。

3. 放养规格

当年直接养成商品蟹，尽量放养规格较大的扣蟹，规格在1 000～2 000只/千克。

4. 放养密度

放养密度直接影响产量和养成规格，在一定放养密度范围内，产量与放养密度成正比。但是，放养密度受到种种条件的限制，如稻田条件、养殖者投入的资金及饲养管理技术水平等，各养殖户可因地制宜，结合计划的产量与规格目标，制定出合理的放养密度。

在稻蟹兼作养殖方式中，由于田块既种稻又养蟹，蟹的养殖及生长环境受水稻生产的影响，产量目标可定为每667米^{2}产蟹20～30千克，放养密度为每667米^{2}放养扣蟹500只。

5. 饲料与投喂

(1)饲料来源。河蟹为杂食性动物,在天然水域中,主要以底栖动物、有机碎屑及水生植物等为食,在人工养殖的条件下,河蟹的饲料主要有以下几种来源。

培育天然饵料:天然饵料包括轮虫、枝角类、桡足类、各种水生昆虫及幼虫、水蚯蚓等。在河蟹放养之前,每 667 米^2 用 800~1 000千克鸡粪等粪肥作基肥;在河蟹放养之初,可用豆浆泼洒。这些措施可使养蟹稻田水质肥沃,天然饵料丰富。

生产农副产品:农副产品主要有谷物类的大麦、小麦、豆粕、青糠、麸皮、次粉等,瓜果类的南瓜、西瓜、冬瓜等,以及各种蔬菜,这些农副产品来源广、价格低,养殖户可以自己种植。

种植水生植物:利用沟、坑及田埂四周种植一些水生植物,如稗草、水花生等,在水面上养殖一些浮萍、绿萍等,可作为河蟹主要植物性饲料的来源之一。

采购动性饲料:采购新鲜的海水鱼、淡水鱼、小杂鱼及蚯蚓、蚌肉、螺蛳等。

加工配合饲料:在稻田养蟹中,由于稻田天然饵料数量有限,单靠天然饵料不可能获得高产及大规格的商品蟹,因此,要投喂人工配合饲料。养殖规模较大且有条件的农户,可以考虑自己配制加工河蟹饲料,以降低生产成本。

(2)投饲品种及日投饲量。河蟹的投饲要根据河蟹摄食习性和不同的养殖阶段,确定投喂饲料的品种及投喂量。

养殖初期的投饲:稻田田水经施肥等人工培育,在蟹苗或仔蟹放养初期,各种天然饵料丰富,此时可投喂豆浆,豆浆的用量每667 米^2 每日 1~2 千克。

养殖中期的投饲:在蟹苗放养 3~4 周,放养的蟹苗已成第Ⅴ期仔蟹,食性转变已经完成;仔蟹放养 1 周以后,放养的仔蟹适应了稻田新的环境，此时要加强投饲。投喂的饲料以人工配合饲料、小杂鱼鱼块、大小麦、蚌肉、螺蛳肉等为主，辅以鲜嫩水草，促使河蟹在 8 月份高温之前蜕壳生长加快。在这一养殖期的日投饲量可定为：配合饲料占体重的 5%～8%。进入 8 月份高温季节，田水温度较高，河蟹的摄食、蜕壳生长均会受到一定的影响，此时要投喂一些大麦、小麦及鲜嫩瓜果等。

养殖后期的投饲：进入 9 月份以后，河蟹已进入肥育期，此时投喂的饲料要精，以配合饲料、小杂鱼鱼块为主，辅以农副产品及水草，日投饲量占体重的百分比为配合饲料 3%～5%，鱼块 10%～15%。

(3)投饲方法。与鱼类不同，河蟹底栖生活且具有昼伏夜出的习性，因此，在投饲方法上要掌握以下几点：

日投次数及投饲量：河蟹投饲次数为日投 2 次，早晨及傍晚各投 1 次，早晨投饲在太阳出来之前，傍晚则在太阳落山以后进行。日投饲量的分配是：早上 1 次投喂的量占 1 天投喂量的 30%，傍晚 1 次投喂量要占 1 天投喂量的 70%。

投饲方法：在河蟹下田养殖初期，饲料投喂要沿田边四周均匀投放，以后逐步集中到几个固定地点重点投喂。

(4)投饲的注意事项。在投饲中，既要保证足够的饲料供河蟹摄食，又要使饲料浪费少，需要注意以下几点。

具体日投饲量的确定：日投饲量在理论上可按投饲率及体重计算，但具体的日投饲量则要在理论计算值基础上根据天气及河蟹摄食情况进行调整。如果天气阴雨、闷热，残饵较多，则投饲量要相应减少，如果天气正常，残饵少，则可适当增加。

饲料的处理：有些农副产品和动物性饲料，在投喂之前需要做一些处理。如大麦、小麦等谷物，在投喂之前要在水中浸泡 1 天以上，使其充分膨胀、软化；次粉等粉状料在投喂时要掺少量水，拌成湿状饲料后再投喂；投喂螺蛳、黄蚬等贝类要先压碎，然后再投喂；投喂鱼块、蚌肉等则在投喂之前要先切成碎片。

5. 日常管理

稻田养蟹的日常管理主要是田水管理、巡田检查、抽样检查及做好养殖记录等。

(1)水质是稻田养蟹的关键环节,既要满足水稻的生长要求,又不能恶化水质,可按照“春浅、夏满、秋勤”的原则进行管理。春季为提高水温,利河蟹蜕壳,应使稻田保持浅水。夏季高温,应使稻田达到最深水位。秋季正处于摄食高峰,如果动物性饵料增多,气温又高,极易泛塘,应勤换水,由其他季节的每周换 1 次改为 2～3 天 1 次,1 次换 1/3 。换水时间控制在 3 小时,以防水过速使稻田水温突变。河蟹每蜕壳 1 次增加 1 次体重,经常换水能有效刺激河蟹活动,加速蜕壳。但在河蟹蜕壳时只能加水,不能排水。

(2)巡田检查。对养蟹的稻田,每天早晚要巡田检查各 1 次。如遇天气不好如大风天、下雨天等,则要增加巡田次数,重点检查防逃设施,确保防逃设施完整;清除腐烂变质的残饵,查看河蟹蜕壳情况及水质变化情况等,保证养蟹稻田的安全。

(3)抽样检查。河蟹放养以后,要定期进行抽样检查,每隔 15～20 天检查 1 次,测量壳长和体重,测定的结果可作为调整日投饲量的基本依据之一,也可与往年生长情况作比较,做到心中有数。

(4)做好养殖记录。认真做好养殖记录,重点要记下苗种来源及放养情况,包括苗种产地、规格、价格、放养时间、数量等;投饲及生长情况,包括品种、数量、价格及每次抽样检查等;采取的主要技术管理措施,如防病用药、注水换水,发生的一些事故,以及收获情况等。将这些重要的数据及发生的主要事情记录下来,会十分有利于分析总结,为今后提高养殖水平积累宝贵的第一手资料。

四、稻、蟹科学管理

由于稻、蟹各自生长发育的特点所采取的生产技术措施不同,稻、蟹之间在某些管理环节上难免会有矛盾。解决这些矛盾的方法，除了对原有稻田进行适当改造，如开坑、环形沟、设防逃设施等外，还须进行科学管理以协调稻、蟹在管理环节上的矛盾，达到稻、蟹“双丰收”。

（一）水稻品种及栽播

1. 水稻品种

养蟹稻田的水稻品种选择是否合理，是水稻丰收的基本条件，在养蟹稻田中，对水稻品种的要求如下。

(1)分蘖力强。养蟹稻田由于沟、坑的开挖，减少了10%～25%的种植面积，而且养蟹稻田大多采用宽行播种或起垄播种，基本秧苗数大幅度减少。为了部分弥补这些减少的基本秧苗数，要求水稻品种分蘖力强，以充分利用沟、坑、垄的边际效应，使稻蟹兼作稻田的稻谷也有一个较好的收成。

(2)耐肥抗倒伏性能好。养蟹稻田由于残饵、蟹类排泄物、有机肥等作用，土质肥沃，再加上稻田较长时间保持高水位，易引起水稻倒伏，影响产量，因此品种要茎秆坚硬，耐肥力好，不易倒伏。

(3)抗病虫害能力强。养蟹稻田基本上不用或少用农药，以减少对蟹的影响，因此，要求水稻品种有较强的抗病虫害能力。

2. 栽播技术

水稻栽插首先要培育好秧苗。一是栽插的秧苗要壮实、多蘖、无病害。秧苗培育可用旱地育秧，带土移栽，无返青期，分蘖早，且可提早播种。二是要适时播种。水稻的播种季节因各地地理位置不同差异很大，但各地应根据当地的季节适时播种。三是合理的种植方式。养蟹稻田一般采用宽窄行移栽，宽行为0.4米，窄行为0.2米，株距为0.17～0.2米，在环形沟垄边要适当密植，以增加边际效应。

(二)肥料与施用方法

养蟹稻田的施肥,可为水稻提高养分,又利于培育河蟹的天然饵料,但由于某些化肥对河蟹有一定的毒害性,因此要注意肥料的种类与施用方法。

1. 肥料种类

稻田中使用的肥料种类较多,按性质分,可分为有机肥和无机肥两大类,有机肥包括绿肥、粪肥、厩肥等;无机肥主要是化肥,有氮肥、磷肥和钾肥三大类。

(1)有机肥。又称农家肥,是一类含有丰富有机物的肥料。稻田中施用的有机肥主要有以下几种。

绿肥:有紫云英、田菁、绿萍等。绿肥含有机质5%~20%,含氮0.3%~0.6%。种植和施绿肥有利于改良土质,但绿肥在分解过程中,要大量耗氧,并产生大量的有机酸及硫化氢,对稻、蟹均会产生不利影响,因此,绿肥宜作为基肥在种稻养蟹之前施用。

粪肥:主要有人、畜粪肥,含有机物在15%~30%。几种粪肥的肥分含量见表2。

表2 几种粪肥的肥分含量

肥料种类	氮/%(干物质)	五氧化二磷/%(干物质)	每100千克粪肥相当于化肥的千克数	
			硫酸铵	过磷酸钙
猪粪	0.56	0.4	11.2	8.0
牛粪	0.32	0.25	6.36	5.0
鸡粪	1.63	1.54	32.64	30.64
羊粪	0.65	0.5	13.0	10.0
人粪	1.00	0.5	20.0	10.0

粪肥的分解往往需要大量的氧气并产生氨、硫化氢及各种有机酸,会对蟹产生危害,在使用前必须经腐熟分解。

厩肥:主要是家畜粪尿与稻草、杂草等垫料的混合物,养分含量因家畜种类及垫料不同而异,但一般含量为:水分占65%以上,有机质占25%左右,氮占0.4%～0.8%,磷占0.2%～0.4%,钾占0.5%～0.9%。厩肥在使用前已经发酵腐烂,对蟹危害较小。

(2)无机肥。目前常用的化肥有氮肥、磷肥、钾肥三大类。

氮肥:种类较多,有液态氮、硝态氮、酰铵态氮等,主要产品有硫酸铵、氯化铵、硝酸铵及尿素等。氮肥的有效成分为氨或铵,这是水稻及其他水生植物的重要营养物质,但当氨含量超过一定标准时就会对蟹产生危害。

磷肥:主要有过磷酸钙、钙镁磷肥、磷酸二氢钾等。磷肥能促进细肥分裂,增加水稻抗逆性。施用磷肥虽不会对蟹直接产生影响,但会使田中蓝藻繁殖过快,影响水质。

钾肥:常用的有硫酸钾、氯化钾等,其中氯化钾能对河蟹直接产生危害。

几种常用的化肥的主要性质列于表3。

表3　几种常用化肥的主要特性

名称	主要成分/%	酸碱性	其他特性
硫酸铵	氮 20～21	酸性	还原时易生成硫化氢
氯化铵	氮 24～25	酸性	易溶于水,硝化作用慢,易结块
硝酸铵	氮 33～34	中性	水溶液呈碱性,易分解
尿素	氮 46	中性	肥效经转化后才能吸收
过磷酸钙	磷 14～20	酸性	肥效快,常含游离酸及多量钙
钙镁磷肥	磷 14～19	碱性	不吸潮,无腐蚀性
硫酸钾	钾 48～52	酸性	吸潮性小
氯化钾	钾 50～60	酸性	吸湿后易结块

2. 施肥方法

在养蟹田块中，施肥要重施基肥，轻施、巧施化肥。

(1)重施基肥。在河蟹放入大田之前，要施足基肥，以保持土地肥力，培育水质，促进水稻生长。养蟹稻田基肥以有机肥、厩肥为主，不用绿肥，每667米^{2}用量在800～1 000千克。

(2)巧施追肥。追肥主要用化肥，要求肥效迅速。化肥的施用方法主要是：一是撒施法，即称取一定重量的化肥，用手均匀地抛撒。此法直接将化肥抛撒在养蟹稻田，在施肥时要控制用量和气温，每667米^{2}用量为硫酸铵10～15千克，尿素10千克，并尽量在上午温度较低时使用。二是根外追肥法，在水稻生长后期，如果水稻缺肥，可用尿素和磷酸二氢钾叶面喷洒，用量为每667米^{2}尿素0.5千克，磷酸二氢钾50～100克，各加水50千克喷洒。

(三)水稻病害防治

在养蟹田块中，要采用综合性的防治措施控制水稻病虫害的发生，尽最大可能地少用药或不用药，以减少农药对蟹的影响。

1. 水稻病害的生态预防

在养蟹稻田中，河蟹能捕捉生活在水中的害虫幼虫及落入水中的害虫，在一定程度上抑制了病虫害的发生。除了这一有利因素外，在养蟹稻田还要注意以下几点。

(1)水稻品种。水稻品种要选择那些抗病为强、抗倒伏性能好的优良品种，以提高水稻本身的抗病害能力。

(2)秧苗杀菌。在水稻栽插之前，对秧苗普施一次农药，以切断病原进入养蟹稻田。

(3)改善生态环境。养蟹稻田采用垄栽或宽行栽培方法，使稻田通气性好，光照充足，茎秆粗壮。

2. 农药防治

在养蟹稻田中，如果水稻发生较为严重的病虫害时，必须施农药。在施农药时，要做到以下几点。

(1)选择高效低毒农药。目前农药种类较多，而农药的施用必定会对河蟹产生一定的危害，只不过是因种类不同，危害程度不同而已，因此要选择那些高效低毒、对河蟹毒性较低的农药。目前可用的农药有井冈霉素、杀虫双、康宽等。在选择农药时，要特别注意河蟹对菊酯类药物如溴氰菊酯等非常敏感，即使浓度很低也会引起蟹大量死亡。此外，三唑磷农药对河蟹的毒性较大，必须严格禁止使用。

(2)掌握正确的用量及施药方法。除了选择药物外，还要注意正确的施用方法。

药量：农药在使用中有最小用量、常规用量及最大用量之分，养蟹稻田的农药使用量要尽量选择最小有效用量。

施药方法：掌握正确的施药方法能有效地降低落入田水中的农药比例。稻田中的施药方法主要有喷雨、粗喷雾、细喷雾等。喷雨施药有70%～80%的农药落入田水中；粗喷雾属高容量喷雾，雾点大于300微米以上，药液在叶面上黏附少，淋落在田水中的农药仍较多；细喷雾雾滴直径小于250微米，在叶面上黏附性好，流入田水中的农药较少。因此，养蟹稻田要选择细喷雾，用1毫米的喷孔。

施药时间：施药时间既要考虑农药对病虫害的有效防治期，又要考虑到施药时的温度等。温度高，农药挥发性强，对河蟹毒性增大，而夏季往往又是水稻病虫害多发季节，因此在有效防治时间内，宜在上午9时之前或16时以后进行。

注意安全间隔期：在稻、蟹生长后期，使用农药要注意安全间隔期，以减少农药的残留量。在安全间隔期内不能捕蟹上市。

(3)提高稻田水位。在施药时提高稻田水位可以有效地降低落入田水中的农药浓度。如果养蟹稻田平均水位 8～10 厘米,条形沟面积占稻田面积的 10%,水位每提高 1 厘米,可降低田水中药液浓度 5%～7%。因此,在施药时应尽可能地提高水位,在水稻中、后期施药,可将田面水位提高到 15 厘米以上。

五、河蟹饲料及配制

饲料是河蟹生长的基础,虽然稻田中有较为丰富的水草、底栖动物、小鱼虾等天然饵料,但这些天然饵料不能满足在精养、半精养条件下河蟹正常生长发育的需要。为提高河蟹养殖的产量和效益,在稻田养蟹中必须进行人工投喂。根据近 10 多年来国内不少学者对河蟹的营养与饲料的研究,结合作者的研究及生产实践,对河蟹的营养与饲料作些介绍。

(一)营养需求

河蟹对营养的基本需求与其他水产养殖品种相似,主要有蛋白质、脂肪、碳水化合物、维生素、无机盐类等。

1. 蛋白质

蛋白质是构成河蟹组织的主要成分之一。分析表明,河蟹可食部分的蛋白质含量在 14%。蛋白质的含量及质量是衡量饲料质量的主要指标。河蟹对饲料蛋白质的需求量较高,在 30%～45%,而且蛋白质的需求量随河蟹生长阶段的不同而有差异。在幼体到Ⅳ期仔蟹饲料蛋白质的适宜含量为 45%,仔蟹阶段在 40%～42%,蟹种阶段在 35%～40%,成蟹培育阶段在 32%～35%。

饲料中蛋白质的质量主要取决于组成饲料蛋白质的必需氨基酸的组成比例。10 种必需氨基酸在河蟹肌肉中的含量为赖氨酸

1.879%、异亮氨酸1.290%、亮氨酸2.110%、缬氨酸1.404%、精氨酸2.400%、组氨酸0.630%、苏氨酸1.145%、蛋氨酸0.680%、苯丙氨酸1.860%。但目前尚无报道这10种必需氨基酸在饲料的蛋白质中的合适比例。河蟹的食性为杂食性,饲料蛋白质中,有植物性蛋白及动物性蛋白,由于动物性蛋白主要来自鱼粉,组成鱼粉的必需氨基酸比例较为合适,因此在实际配制中,主要是确定合理的动植物蛋白比。

2. 脂肪

饲料中的脂肪是提供河蟹新陈代谢及活动的重要能量来源,其能量值为9,约为蛋白质的1.67倍,碳水化合物的2.3倍。适当地提高饲料中脂肪的含量,可以有效地节省蛋白质。

可提高饲料蛋白质利用率。河蟹饲料中粗脂肪的含量在5%~8%,具体含脂肪量随河蟹生长发育期不同而异,在幼蟹种阶段,饲料含脂量在6%~7%,而到成蟹阶段特别是肥育期,脂肪含量可在7%~8%。

饲料中的脂肪除了提供能量外,还有重要的生理作用:一是作为脂溶性维生素,如维生素E等的载体;二是提供河蟹体内的必需脂肪酸。必需脂肪酸,河蟹不能合成,只能通过食物得到。河蟹的饲料中的必需脂肪酸为亚油酸和亚麻酸,河蟹只能通过食物得到这两种脂肪酸。

3. 碳水化合物

碳水化合物主要指纤维素和无氮浸出物。在消化酶的作用下,碳水化合物逐步分解为单糖,被消化道吸收。河蟹对碳水化合物具有较好的消化吸收能力。饲料中含6%~8%的粗纤维,有利于河蟹胃肠蠕动,提高对蛋白质等物质的消化。在饲料中,碳水化合物含量可在25%~30%。

4. 维生素

维生素是分子量较低的一类活性物质，河蟹对各类维生素的需求量虽然很少，却是生长发育必不可少的物质。由于河蟹本身不能或极少合成维生素，维持机体生长发育的维生素必须依靠饲料提供，当维生素长期缺乏时，会使河蟹蜕壳困难，生长减慢或停止，并发生各种缺乏症。维生素的种类较多，习惯上分为脂溶性和水溶性两大类。饲料中添加的脂溶性维生素主要是维生素 E、维生素 A、维生素 D、维生素 K 4 种，水溶性维生素主要有 B 族维生素、维生素 C、叶酸、泛酸钙、烟酸、胆碱、肌醇等 10 余种。目前，对河蟹各种维生素的需求量缺乏研究，在饲料生产中各类维生素的添加量往往参考虾类等饲料中维生素的添加量并根据河蟹养殖的实际情况而定。将这些维生素按一定比例配上一定的载体混合起来，成为多维添加剂。根据作者多年来研制河蟹配合饲料的经验，河蟹饲料中维生素的添加量推荐值列于表 4。

表 4　饲料中维生素添加量推荐值(每千克饲料添加量)

维生素	添加量	维生素	添加量
维生素 A	4 000～5 000 国际单位	维生素 E	80～100 毫克
维生素 D_3	1 000～2 000 国际单位	维生素 K	30～50 毫克
维生素 B_1	20～30 毫克	维生素 C	500～1 000 毫克
维生素 B_2	20～30 毫克	烟酸	20～40 毫克
维生素 B_6	15～20 毫克	泛酸钙	15～30 毫克
维生素 B_{12}	0.05～0.1 毫克	氯化胆碱	400～500 毫克
肌醇	200～250 毫克		

5. 无机盐类

无机盐类又称矿物质，是河蟹维持正常生理机能必不可少的物质，也是酶系统的重要催化剂。根据在饲料中的添加量，无机盐类分为常量矿物质（如钙、磷）和微量矿物质（如锰、锌、硒、铁、碘、铜、钴）等。河蟹在生长发育过程中要蜕壳10多次，因此在饲料中添加钙和磷显得尤为重要，要求饲料中含钙2％～2.5％，磷1％～1.5％。微量元素的添加量见表5。

表5　微量元素添加推荐值(每千克饲料添加量)

矿物质	添加量/毫克	矿物质	添加量/毫克
硫酸亚铁	250～280	硫酸铜	25～40
硫酸锌	180～210	碘化钾	2～2.5
硫酸锰	95～120	氧化钴	0.5～1.0
亚硒酸钠	0.3～0.5		

除了上述五大营养物质以外，河蟹饲料中还可考虑添加蜕壳素来促进河蟹蜕壳。蜕壳素的添加量在0.1％～0.2％。

(二)饲料主要成分的推荐值

饲料的主要营养成分是河蟹饲料配方的依据，农户加工河蟹配合饲料中主要成分的含量。由于河蟹在不同的生长发育阶段对各类营养物质需求的差异，因此，饲料中主要成分的含量也有所不同，表6是河蟹饲料的主要成分推荐值。

表6　河蟹饲料主要营养成分推荐值

营养成分	饲料种类		
	幼蟹饲料	蟹种饲料	成蟹饲料
粗蛋白质/％	40～42	35～38	32～35
粗脂肪/％	5～6	5～6	6～8
粗纤维/％	≤7.0	≤7.0	≤7.0

续表 6

营养成分	饲料种类		
	幼蟹饲料	蟹种饲料	成蟹饲料
粗灰分/%	≤13	≤13	≤13
磷/%	1～1.5	1～1.5	1～1.5
钙/%	2～2.5	2～2.5	2～2.5
水分	≤13	≤13	≤13

(三)常用基础原料及其营养特点

河蟹配合饲料中的基础饲料原料主要包括鱼粉、虾壳粉、蚕蛹、酵母、豆粕、次粉、米糠、大麦、花生饼等,根据这些基础原料的营养特点进行适当配比,再添加各种维生素、矿物质及黏合剂就能生产出较好的配合饲料。

(1)鱼粉。鱼粉是蟹饲料中最为重要的动物性蛋白源。用于蟹饲料的鱼粉一般为棕色鱼粉或称红鱼粉,为保证饲料质量,国家对棕色鱼粉制定了行业标准,表 7 是国产鱼粉和进口鱼粉的质量标准。

(2)虾壳粉。虾壳粉为加工虾仁后的副产品,主要由虾头、虾壳及一部分小虾组成。虾壳粉具有较强的香味,钙、磷含量较高。主要营养成分为粗蛋白 30%、粗脂肪 1.70%、粗次粉 47%、钙 7.5%、磷 1.85%。

(3)蚕蛹粉。蚕蛹粉经蜕脂后粗蛋白质含量为 68%,脂肪 6.70%,无氮浸出物 4%、矿物质 3.6%,并含有丰富的蜕皮素,可以作为河蟹的优质蛋白源。

表 7　国产鱼粉和进口鱼粉的质量标准

指标等级	一级	二级	三级	智利鱼粉	秘鲁鱼粉
粗蛋白质%≥	55	50	45	67	65
粗脂肪%≤	10	12	14	12	10
水分%≤	12	12	12	10	10
盐分%≤	4	4	5	3	6
砂%≤	4	4	5	2	2
颜色	黄棕色	黄褐色	黄褐色		
气味	具有鱼粉正常气味，无异臭味、焦灼味			要求有鱼粉正常气味，无异臭及焦灼味	
颗粒细度	至少 98%通过筛孔为 2.8 毫米的标准筛网				

(4)酵母。酵母分为啤酒酵母及饲料酵母。啤酒酵母是啤酒厂生产啤酒的副产品，据测定，酵母粗蛋质白含量为 51.4%、脂肪 0.6%、无氮浸出物 28.3%及粗纤维 2%；饲料酵母在质量上稍逊于啤酒酵母，但价格较低。

(5)豆粕。生豆粕含有一些如抗胰蛋白酶等物质，因此饲料中的豆粕必须是熟豆粕。熟豆粕呈红棕色，具有豆粕特有的香味。常用的东北豆粕主要营养成分为粗蛋白质含量为 42%～48%、粗脂肪≤2%、粗纤维≤6.5%、粗灰分≤6%、水分≤12%、钙0.25%、磷 0.6%，无氮浸出物 30.7%。

(6)次粉。次粉又称四号粉，是面粉厂生产面粉的副产品。质量好的四号粉麸皮含量低，颜色主调呈白色，略带麸皮颜色，水分含量低。次粉粗蛋白质含量为 13.6%、粗脂肪 2.1%、粗纤维 2.8%、无氮浸出物 66.7%、钙 0.08%、磷 0.52%。次粉可以作为河蟹饲料的主要能量原料之一，利于颗粒的成型和水中稳定性。

(7)米糠。米糠主要指碾米厂在二次碾米时得到的青糠，其主要成分是:粗蛋白质12.8%、粗脂肪16.5%、粗纤维5%～7%、钙0.07%、磷1.43%、无氮浸出物44.5%。米糠中维生素B族含量丰富。

(8)大麦。大麦粗蛋白质含量为11%、粗脂肪1.7%、粗纤维4.8%、钙0.09%、磷0.33%、无氮浸出物67.1%。

(9)玉米。玉米粗蛋白质含量较低，为5%～9%，但玉米无氮浸出物为70%～75%，几乎全为淀粉，因此是良好的能量饲料。

(10)芝麻饼。芝麻饼具有特有的香味，蛋白质含量为33.5%、脂肪13.25%、无氮浸出物15.14%、纤维素5.0%，为较好的植物性蛋白源。

(11)花生饼。花生饼蛋白质含量约43%、粗脂肪5%～8%、粗纤维6.5%、钙0.36%、磷0.66%、无氮浸出物21%～43%。花生饼富含尼克酸和泛酸、精氨酸及组氨酸，但花生饼易发霉。

(12)麸皮。麸皮为小麦加工面粉后的副产品，蛋白质含量为14%～17.7%、脂肪6.89%、无氮浸出物49.9%、纤维素9.26%、磷1.31%、钙0.16%、富含B族维生素，为常用的基础原料。

(四)饲料配方与实例

1. 配方步骤

河蟹饲料的配方可按以下几个步骤进行。

(1)确定营养标准。作为配方的主要依据，在配方时先要确定营养标准，即要生产什么样的饲料。营养标准的确定既要根据河蟹基本营养需求，又要考虑饲料的成本，农户可参照表6中的推荐值。

(2)选择基础原料。根据各种原料的营养特点、可得性及价格等，选择好基础原料。在选定原料中值得指出的是，从理论上讲基础原料种类越多，营养物质之间的互补性越强，但实际生产上由于受生产设施、加工操作、仓储等方面的限制，可选择 5 或 6 种基础原料。

(3)配方计算。选定原料以后，需要进行配方计算确定这些原料在饲料中的具体比例。

(4)确定维生素、矿物质、黏合剂的添加量。养殖户小规模生产配合饲料，宜直接从有关厂家选购相应的复合维生素、矿物质及黏合剂，并按产品说明要求进行添加。

(5)配方调整。配方初步确定后，应根据各原料的比例，计算出所需饲料的主要营养成分的理论值，并与配方设定的标准进行比较，作出适当的调整。

2. 配方实例

表 8、表 9 分别提供几种蟹苗种及成蟹饲料的配方。

表 8 蟹苗种饲料配方 %

原料	配方一	配方二	配方三
鱼粉	32	28	20
豆粕	18	22	25
虾壳粉	5	5	10
次粉(四号粉)	40.8	40.8	40.8
磷酸二氢钙	1.5	1.5	1.5
添加剂	2.0	2.0	2.0
黏合剂	0.6	0.6	0.6
蜕壳素	0.1	0.1	0.1

表 9 成蟹饲料配方 %

原料	配方一	配方二	配方三
鱼粉	18	27	28
虾壳粉	10	5	5
豆粕	20	17	15
次粉(四号粉)	40	40	40
饲料酵母	3	2.3	3.3
小鱼干	5.3	5	5
添加剂	2.0	2.0	2.0
黏合剂	0.6	0.6	0.6
磷酸二氢钙	1.0	1.0	1.0
蜕壳素	0.1	0.1	0.1

在上述配方中，豆粕可由花生粕、芝麻粕等部分替代，四号粉则可由大麦粉、面粉、麸皮、玉米等部分替代。

(五)颗粒饲料的加工

将各原料按配方进行配比混合，然后通过简单的机械加工制成颗粒饲料。

1. 制粒机

适合于农户小规模加工用的制粒机，主要有两种：一种是单机。单机功率不大，在 5 千瓦左右，价格约 5 000 元/台，制粒能力 100～200 千克/小时。另一种是机组。除了制粒机外，还有搅拌机和连接搅拌机与制粒机之间的绞龙输送机，机组总功率在 10 千瓦以下，价格在 12 000 元/套左右，制粒能力在 150～250 千克/小时。农户可根据实际情况自己单独采购或联户采购。

2. 制粒步骤

制粒的基本过程如下。

(1)确定生产量。根据养殖生产需要、机械制粒加工能力、原料情况等，确定要生产的饲料数量。

(3)配料与混合搅拌。根据计算，正确称取各种配料的重量，进行混合搅拌。搅拌有人工搅拌和机械搅拌，配有搅拌机的机组，在人工进行初步搅拌后，再倒入搅拌机进行二次搅拌。如果没有搅拌机，配料的混合搅拌只有采用人工搅拌方法，此时要特别注意添加剂黏合剂的混合，方法是先将添加剂、黏合剂进行分级预混，然后将混合料拌入大料中，再与大料进行充分搅拌混合，直到各种原料颜色用肉眼已分不出为止。

(4)控制粒参数。制粒时要注意以下几个参数的变化。

负载电流：负载电流反映了制粒进料速度，如主机确定功率为7.5千瓦，则负载电流控制在10～14安培，如果进料速度太快，机器容易堵塞，使负载电流过大，烧坏保险丝；如果负载电流小于10安培，说明进料太慢，影响产量。

颗粒直径：河蟹饲料的粒径根据养殖的河蟹规格而定，在幼蟹阶段，粒径2毫米；在成蟹阶段，粒径3毫米。粒径的大小可以通过调换模孔孔径大小来控制。

颗粒长度：颗粒长度与粒径大小成正比，粒径越大，颗粒越长。颗粒粒径2毫米时，颗粒长度在8～10毫米；颗粒粒径在3毫米时，长度可调到10～15毫米。颗粒长度控制的办法是调节刀片与模孔之间的距离。

(5)冷却包装。从制粒机中挤出的颗粒温度较高，不能直接装袋，需要在干燥的水泥地上晾一个晚上，次日再称量、包装。

(六)饲料质量的评估

无论是自制饲料还是从厂家采购的商品饲料,养殖户需要对饲料的质量做到心中有数。饲料质量的评估方法较多,现简单介绍直观法、基础营养分析方法及饲料系数法三种。

1. 直观法

直观法较为简单,主要从外观、气味及水中稳定性来评估。

(1)外观。颗粒大小均匀,外观色泽新鲜一致,无发霉变质现象,无寄生虫。

(2)气味。具有蟹饲料固有的香味,无异臭味、焦味。

(3)水中稳定性。蟹饲料在水中稳定性不少于 3 小时。

2. 基础营养分析法

通过抽样,对饲料样品进行基础营养成分粗蛋白、粗脂肪、粗灰分、粗纤维、总磷、总钙及水分进行测定,将测定结果与配方设定的饲料标准进行对比。

3. 饲料系数法

饲料系数又称增肉倍数,是指蟹在饲养期中消耗的饲料总量与蟹在这段时期的增重量之比,即

$$\text{饲料系数}=\frac{\text{饲料消耗量}}{\text{蟹增重量}}=\frac{\text{总投饲量}}{\text{蟹起捕重量}-\text{蟹放养量}}$$

饲料系数可作为评估饲料质量的综合指标,但值得注意的是,饲料系数除了直接受饲料质量本身影响外,还受到各种因素如投喂方法、水温变化、放养密度及养殖技术措施等影响。

六、病害防治

在稻田养蟹中，蟹病及天敌是影响河蟹成活率的主要因素。

（一）蟹病发生的主要原因

引起河蟹发病的原因很多，主要有以下几个方面。

1. 环境条件恶化

（1）水温。稻田水温由于受到外界因素的影响，变幅较大，容易使河蟹处于一种应激状况，影响正常的生长发育。在不断注入新水时，田水温差会影响河蟹体质使蟹容易发病。

（2）pH。田水的 pH 往往取决于土壤的 pH，在一些呈酸性土壤的稻田中，河蟹的蜕壳会受到壳表面钙质沉淀的影响，产生蜕壳不遂而死亡。

（3）有机质含量高，水质过肥。受稻田基肥施用过量以及残饵和河蟹排泄物等影响，田水水质容易变肥，使有害生物大量繁殖，引起河蟹生病，如长毛病等。此外，水稻田间操作如施用农药、搁田等都会引起河蟹产生程度不同的应激反应，河蟹抗病力下降，易受致病菌侵袭。

2. 养殖技术失误，饲养管理不当

饲养管理不当主要有以下几个方面。

（1）饲料营养缺乏，发霉变质。饲料如果长期缺乏某些营养成分或发霉变质均会引起蟹病。饲料中缺乏维生素 C 及钙等可引起软壳病、黑壳病等，变质发霉的饲料则可引发蟹的肠炎病。

（2）人工操作不当。在蟹苗种的起捕、暂养、运输等操作过程中，蟹体受伤、肢体断裂，容易引起各种病菌的侵袭感染。

(3)放养密度过大。一些养殖农户为追求产量，往往会盲目地提高放养密度。过大的放养密度使河蟹在相对较小的水体环境中处于打斗、争食等应激状态，机体抗病能力下降，既不利于软壳蟹的生存，又会增加各种病原体的感染概率。

3. 河蟹机体抗病能力下降

水体中存在的大量致病细菌、真菌、病毒及藻类、原生动物等，这些病原体可通过各种途径感染、侵袭蟹的机体。如果河蟹长期生长在较差的环境中，营养不良，水质恶化，则抗病力下降，易受上述病原体的感染、侵袭，引发疾病。

(二)蟹病的预防

河蟹发病后，即使发现及时，采用有效的治疗措施，也会造成一定的损失。因此，蟹病的防治必须坚持“无病先防，有病早治，以防为主，防重于治”的原则。蟹病的预防主要做好以下几点工作。

1. 稻田消毒

稻田在放养河蟹之前，必须进行消毒，杀灭病原体及有害生物。稻田消毒的药物较多，但生产上常用的药物主要有生石灰、漂白粉等。

2. 定期用药防治

在河蟹养殖期间要定期用药物防治，防治的主要药物是生石灰及土霉素、呋喃唑酮等抗菌素，方法如下。

(1)生石灰。每隔 2～3 周，用生石灰化浆后全田泼洒，使田水浓度为 20 mg/L。

(2)土霉素。土霉素为广谱性抗生素，在河蟹发病季节，可按每千克饲料拌 5～10 克，制成药饵，连续投喂 5～7 天。

(3)呋喃唑酮。又称痢特灵,可预防肠炎等疾病,每千克用饲料5克,制成药饵,投喂5～7天。

3. 提高水位,控制水质,改善栖息环境

(1)提高水位。在稻蟹兼作期间,在基本不影响水稻的情况下,要尽量提高稻田水位。在水稻返青后的生长期,从浅水插种开始,水位要随水稻生长而逐渐提高到15～20厘米,水稻收割后即蓄水养蟹。专养的稻田水位要保持在50厘米以上。

(2)控制水质。为防止夏季田水太肥,蓝、绿藻大量繁殖形成"水花",而使水质恶化,诱发蟹病,要经常注入新水。

(3)种植水草。在环形沟四边种植水花生等水生植物,在水面上可种些浮萍、绿萍等,既作栖息场所,又作为植物性补充饲料。

4. 合理投喂饲料

(1)饲料种类。河蟹虽是杂食性动物,但偏爱动物性饲料,因此河蟹的饲料要根据不同的发育阶段有所选择。饲料的选择要以植物性饲料为主。在养殖商品蟹的稻田,为尽量提供河蟹生长发育所需的各种营养成分,应以投喂动物性饲料和人工配合饲料为主,辅以各类青饲料。

(2)投喂技术。河蟹的投饲应按"四定"投饲,即定时、定位、定质、定量投喂。"四定"投饲中最难掌握的是日投饲量,投喂过多,既浪费饲料,又污染水质,因此要经常观察、检查河蟹的摄食情况,并考虑天气、水温等因素,确定投喂的数量。

5. 认真按规范要求操作

河蟹的养殖技术措施都是通过具体的操作得以实施。对每一环节的操作都要按规范进行。例如,在购买蟹苗种时,要仔细检查蟹苗种的质量,不买体质差或淡化程度不够的蟹苗;在捕捉时动作要轻，防止河蟹自残；在放养入田时要注意温差等。总之，要把握好每一操作环节，尽量减少人为因素对河蟹的不利影响。

(三)常见的蟹病及其防治

在养蟹中，常见的蟹病有10余种，这些蟹病对河蟹养殖危害较大。

颤抖病(抖抖病) 此病可能是由迟钝爱德华氏菌、弧菌、嗜水单胞菌及病毒等多种病原体引起。

症状：病蟹活动减弱，伏在池边摄食减少或停止，步足环起不能伸长，并发生阵阵抖动。打开蟹壳，可见蟹体内部肝脏发黑，鳃丝缺损、糜烂，病蟹不久在池边死亡。此病流行区域广，发病死亡率高，对河蟹养殖危害较大。

防治方法：①放养前对稻田特别是坑、沟用200 mg/L生石灰彻底消毒。②用10 mg/L福尔马林或10 mg/L万消灵全田泼洒。③在流行季节，每千克饲料加SMZ. TMP合剂2～3克，连续投喂5～7天。

蟹奴病 此病主要由蔓足类虫蟹奴寄生引起。病蟹腹部臃肿，揭开脐盖可见乳白色半透明状虫体。严重感染时，蟹肉有一种特殊的味道(图3)。此病主要流行季节在7～9月份，主要发生在沿海滩涂田上。

防治方法：①用20 mg/L漂白粉或1～2 mg/L敌百虫，在放养前彻底消毒。②用8 mg/L硫酸铜或20 mg/L高锰酸钾浸洗病蟹10～20分钟，或用0.7 mg/L硫酸铜、硫酸亚铁(5∶2)合剂全田泼洒。

纤毛虫病 此病由聚缩虫、累枝虫等生物附着引起。病蟹体表附生一层白色或棕色绒毛状物，行动迟缓，摄食减少或停止摄食，生长缓慢，严重时，个体营养不良，终因蜕壳不遂而死(图4)。此病发生季节在5～7月份，不良的栖息环境如水质过浓、长期不换水、养殖密度较大等是引发此病的主要原因。

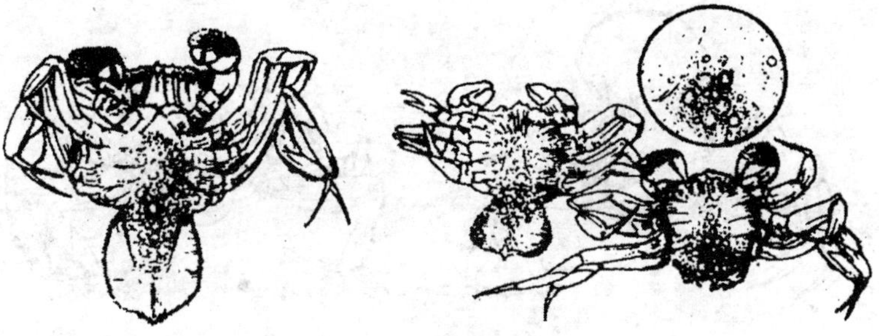

图 3　蟹奴病

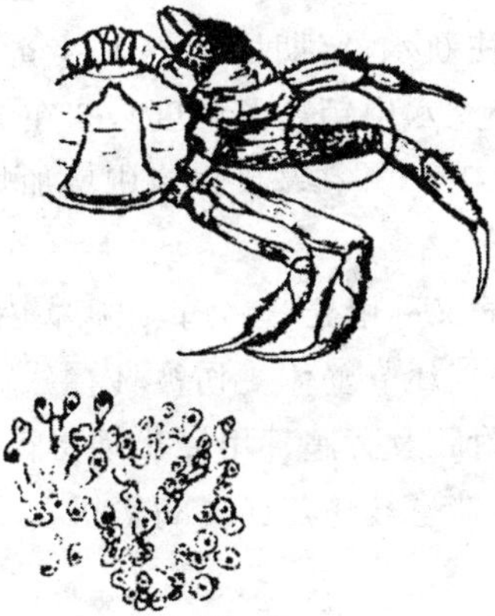

图 4　纤毛虫病

防治方法：①定期注入新水，保持水质清新。②每隔 10～15 天，用 20 mg/L 生石灰或 10 mg/L 的 40％甲醛溶液泼洒。③用硫酸铜、硫酸亚铁（5∶2）合剂 0.7 mg/L 全田泼洒。

蜕壳不遂症　此病的发病原因尚不十分清楚，但一般认为与河蟹感染某种疾病或饲料中缺乏某些营养元素（如钙、磷、甲壳素及蜕皮素）有关。病蟹头胸甲后缘与腹部交界处已出现裂口，周身发黑，但无力蜕去旧壳而死亡（图 5）。本病主要危害肥育期的成蟹。

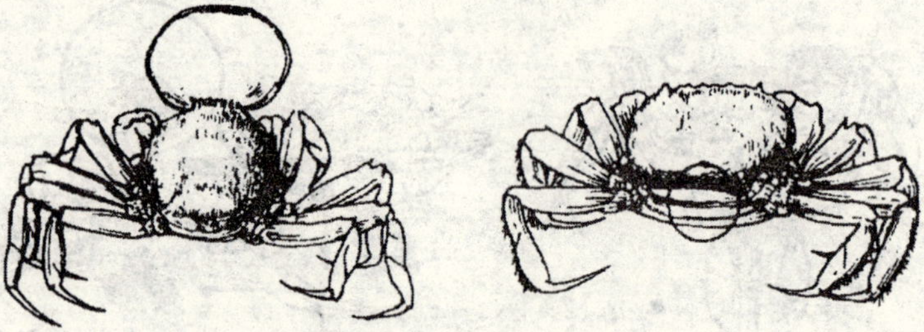

图5　蜕壳不遂症

防治方法：①如发现河蟹患其他疾病，则应该先对症下药，进行治疗。②经常加注新水，定期用 10～15 mg/L 生石灰泼洒，既进行水体消毒，又补充水中钙离子浓度。③在饲料中添加适量的蜕壳素，添加量为 0.1%，并在基础饲料中增加虾蟹壳粉及鱼粉的比例。

腐壳病　腐壳病又称甲壳溃疡病，此病病因尚不十分清楚，可能是由于运输、放养等环节蟹体受伤被具有分解几丁质能力的弧菌感染所致。病蟹附肢及背腹部甲壳出现黑褐色斑点，并逐渐溃疡腐烂，严重时蟹腹部呈被烤焦状。病蟹摄食量下降，停食，最终死亡(图 6)。

图6　腐壳病

防治方法：①定期注入新水，全田泼洒生石灰，使水体生石灰浓度为 10～15 mg/L，保持 pH 7.5～8。②用土霉素 10～20 mg/L

全田泼洒，或每千克饲料中拌入土霉素 5～10 克，或用红霉素原粉 1 mg/L全田泼洒。

肠胃炎　此病系河蟹摄食含有大量致病菌的或难以消化的食物后引起病蟹吃食减少或拒食，滞留在田埂边，打开脐盖，轻压肛门可见黄色黏液流出。

防治方法：①不投喂腐烂变质或发霉的饲料，并及时捞出残饵。②在每千克饲料中加入 5～10 克呋喃唑酮制成药饵，连续投喂 5～7 天。

水霉病　河蟹在捕捞、运输、放养等操作过程中受伤，导致水霉菌侵入感染而引起的疾病。病蟹体表尤其是伤口部位生长有棉絮样菌丝，行动呆滞，摄食减退或停止，伤口极易诱发其他致病菌，终因伤口久治不愈、溃烂，并向四周扩散而死亡。

防治方法：①在起捕、运输及放养等操作环节，要认真仔细，动作要轻，避免蟹体受伤。②用福尔马林全田泼洒，使水体浓度呈 10 mg/L。③用 3%～5%的食盐水浸洗病蟹 5～10 分钟。

黑鳃病　此病多发生在养殖后期，田水水质过肥、有机质含量高、水质污染等原因引起水中有害细菌大量繁殖，导致蟹鳃部感染所致。病蟹行动迟缓，爬上岸及水草上，呼吸困难，故俗称“叹气病”。打开甲壳，鳃部呈暗灰色或黑色，严重时鳃丝全部变色，最终因呼吸困难、上岸时间长而失水而死。

防治方法：①经常注入新水，保持水质清新，并用 10～15 mg/L 生石灰泼洒，保持 pH 在 7.5～8。②发病时，用生石灰全田泼洒，浓度为 20 mg/L，间隔 1 周再施用 1 次，连续 2 次。③用土霉素 5～10 mg/L或红霉素 1 mg/L 全田泼洒，次日减半。

水肿病　病原体未见报道，但被认为是细菌性疾病。打开病蟹背甲，可见鳃丝肿大呈棒状，呈透明状，无弹性，病蟹一般伏在浅水边，停止摄食。

防治方法：①在养殖过程中，尤其在蜕壳时要尽量减少对蟹的惊扰，以免蟹体受伤；并注意控制水质，如发现水色过浓，则应注入新水。②用土霉素全田泼洒，浓度为 5～10 mg/L，或每千克饲料中添加土霉素 10 克制成药饵投喂，连喂 5～7 天。

青苔附生病 养殖稻田水质肥，大量丝状藻类附着在蟹的颊部、额部及附肢上，可见蟹体周身布满青苔，影响蟹的活动与蜕壳。

防治方法：①稻田在放养时用生石灰消毒，如有青苔，用硫酸铜杀灭，并曝晒几天后再注入新水。②泼洒生石灰，使水体浓度为 20 mg/L，或将硫酸铜直接泼洒在青苔上，浓度控制在 0.8 mg/L。

(四)敌害防治

稻田中水位较低，养殖的河蟹容易受到天敌的捕食，要注意预防。

鼠类 主要有褐家鼠、黄胸鼠及黄毛鼠等，尤以褐家鼠危害较大。养蟹稻田由于河蟹的腥味及饲料的气味等常会招来鼠类。在河蟹蜕壳时软壳蟹无逃避能力，更易被鼠类捕捉。秋季由于河蟹上岸增多，鼠类危害程度加重。

防治方法：去除田埂四周杂草，用鼠夹捕捉或用老鼠药放在河蟹防逃墙外诱杀。在夏秋季，发现鼠害要加强夜间巡田，可用鱼叉捕杀。

蛙类 青蛙及蟾蜍对仔蟹种危害较大，据解剖发现一只青蛙胃中有 10 只幼蟹。

防治方法：捞去稻田中的蛙卵及蝌蚪，在养蟹稻田四周可用 PVC 网片设一层防蛙网，防止蛙类进入。

鱼类 稻田中鱼类按危害情况大致分为三类：一是如泥鳅、麦穗鱼等小杂鱼，只与河蟹争食，不直接捕食；二是鲫鱼、鲤鱼等，既可以与河蟹争食，也危害幼蟹及软壳蟹；三是黄鳝等肉食性鱼类，以捕捉河蟹及其他小杂鱼为食。

防治方法：①在放养蟹种之前，稻田要彻底消毒并曝晒几天。②注入新水时，进水口用 20～40 目的筛绢过滤，防止这些鱼类的苗及卵进入稻田。③在搭养鱼类时，要放养滤食性鱼类如花鲢、白鲢，不能搭养其他鱼类。

鸟类 一些鸟类如鸬鹚、苍鹭、鸥鸟等喜食水中的鱼、虾、蟹。在浅水区或上岸的河蟹以及正在蜕壳的河蟹、软壳蟹最易受其捕食。

防治方法：用飘动的塑料薄膜或稻草人等威吓，并加强巡田。

水生昆虫 水生昆虫如水蜈蚣(图 7)、红娘华(图 8)等主要危害刚放养入田的蟹苗及幼蟹。

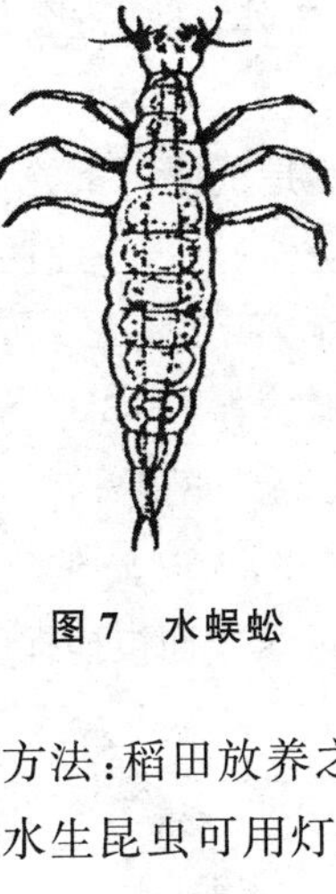

图 7 水蜈蚣

图 8 红娘华

预防方法：稻田放养之前消毒彻底，注入新水要过滤，如发现仍有较多水生昆虫可用灯光诱捕。

七、河蟹的捕捞与运输

(一)捕捞

1. 捕捞季节

“秋风起，蟹脚痒。”进入秋季后，河蟹开始进入生殖洄游，这是自然水域中河蟹捕捞的最佳季节。但稻田养殖的河蟹由于人为地设置了防逃措施，阻止了河蟹的洄游，因此捕捞时间可根据养殖对象及市场行情而定。养蟹种的稻田，蟹种的捕捞主要根据放养季节及养蟹户需要而定。养成蟹的稻田具体捕捞时间主要根据河蟹的规格及市场行情确定。放养蟹种养成蟹的稻田进入 9 月份后，个体规格较大，如果市场价格高，则可陆续起捕。

2. 捕捞前的准备

在河蟹捕捞前除了要联系好销售渠道外，还要准备好捕捞、暂养工具，常用的机械及工具。

(1)捕捞网具。稻田捕蟹的网具主要是蟹笼。蟹笼形状多样，尺寸大小不一，可根据具体情况选择。从外形看，下面两种蟹笼结构较为简单，适合于养蟹稻田的河蟹捕捉。

地笼：地笼长度根据实际需要而定，通常在 5～6 米。地笼的框架用竹片制成，外套网目约 1 毫米的 PVC 无节网片，有多个进蟹口左右间隔排列，在靠近一端处有一圆形网袋，为取蟹部，长度 1.5～2 米，从进蟹口进入的河蟹最终爬到这一网袋中而被捕捉(图 9)。

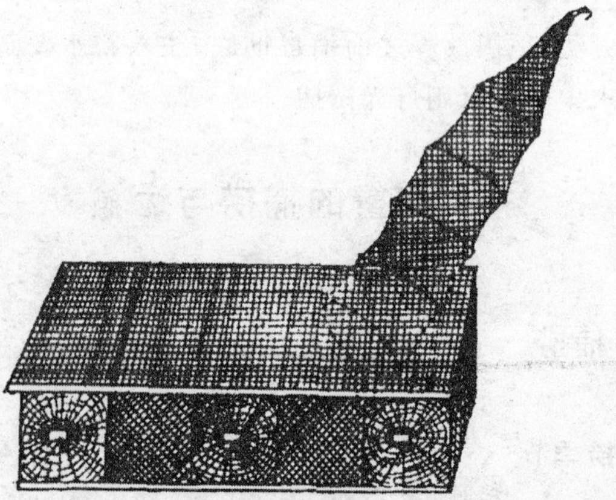

图 9　地笼

小蟹笼：此蟹笼由一节节的小钢筋制成框架，外包网目 1 米的

PVC无节网片，长度在2.5～3米，每节网片都有一个进蟹口左右相间排列，笼的末端为一圆锥形取蟹部（图10）。

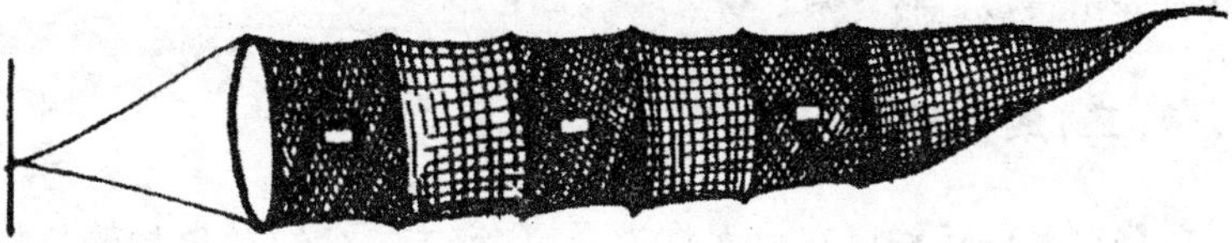

图10 小蟹笼

（2）暂养工具。河蟹在捕捞后，要进行暂养。除了大批量捕捞可用水泥池等暂养外，暂养工具为蟹笼及网箱。暂养用的蟹笼用竹篾编成，呈鼓形，规格尺寸为底部直径40厘米，高40厘米，口径20厘米。也可用竹篾或小钢筋做框架，外套PVC无节网片制成暂养网箱，或用普通网箱替代。

（3）准备好排水机械。如潜水泵以及其他工具如盆、桶等。

3. 捕捞方法

根据捕捞数量，可采用蟹笼诱捕及放水捕捞两种方法。

（1）蟹笼诱捕。如果捕捞数量不多，可用蟹笼诱捕，根据需要随时捕捞上市，平时在干田之前的捕捞都可采用此法。

（2）干田捕捞。如果稻田中的河蟹都要起捕，则需要干田捕捞。干田捕捞时，在排水口或潜水泵水道处放置蟹笼，一边排水一边起捕，干田时再徒手捕捉。

4. 暂养及分级

捕获的河蟹，可暂养在设置于其他水体中的网箱中或暂养笼中。一旦捕获结束，要进行分级挑选。

（1）养成蟹的稻田，将已达上市规格的商品蟹及虽未达到规格但性成熟的河蟹上市出售，个体较小、性腺未成熟的蟹可继续留养。

(2)养蟹种的稻田,剔除性早熟的蟹种,将未成熟的蟹种按规格暂养出售或进行冬放。

(二)成蟹运输

蟹苗种的运输已在前面作过介绍,现主要介绍成蟹运输。根据人们对河蟹的消费习惯,上市出售的河蟹必须是活蟹。

1. 成蟹的运输操作步骤

(1)暂养。刚起捕的河蟹特别是干田起捕的河蟹鳃部有淤泥,在起运前,最好在清水中暂养一段时间。如果运输时间短,则清洗干净,略作暂养后可起运。

(2)分级。将河蟹按个体大小分成若干种规格,分别装袋。

(3)装袋。用于成蟹运输的袋子,常用的是 PVC 筛网制成的网袋,每袋装蟹数量根据运输时间长短而定,可装 5～8 千克,河蟹入袋后扎紧袋口。如果河蟹数量不多,短途运输,则可用竹篾编成的蟹笼及其他透气性较好的袋子,如麻袋等包装运输。

(4)装车起运。将包扎好的网袋,放入竹筐或木筐内,筐筐之间可以叠层排列。长途运输时要注意途中淋些水,如果数量不多,路途不长,则可直接单层放在车子上。

2. 运输时的注意事项

在短途运输时,河蟹的成活率都很高,但在长途运输中,要提高运输成活率,还要注意以下几点。

(1)要注意保持蟹体湿润。在蟹筐上车之前应在清水中浸一下或淋些水,在蟹筐上面及两侧用湿草包或湿麻袋等盖好,使筐内保持一定的水分。运输途中,要经常淋些水。

(2)避免河蟹风吹日晒。用于河蟹长途运输的汽车,要用厢式货车，避免河蟹因风吹日晒脱水而死。

(3)袋子要捆紧扎牢。蟹袋要捆紧扎牢，尽量减少河蟹活动。

(4)剔除软壳蟹。对于 9～10 月份起捕的河蟹有部分可能蜕壳不久，壳还不硬，这些蟹经不起长途运输，要剔除。

第二部分　稻田养鸭

一、稻田养鸭概述

(一)稻田围栏养鸭的意义

中国是个人口众多的大国，面临3个不可回避的问题：一是人口将逐年增加；二是后备耕地资源逐年减少；三是人们生活水平逐年提高。这3个不可回避的问题决定了中国的农业，特别是粮食生产具有特殊的政治意义和社会意义。粮食生产是一个关系到人们生活、经济发展、国家繁荣、政治稳定和社会安全的根本性问题。中共中央、国务院在制定我国"十五"计划时，始终明确一个重要的指导思想，即巩固和加强农业的基础地位，加快农业和农村经济发展，并特别强调提高农产品质量，提高农业素质和效益。

水稻是我国最重要的粮食作物，常年播种面积近0.33亿公顷，总产量1 800亿千克，分别占全国粮食播种面积的30%和粮食总产量的40%左右，水稻生产在我国粮食生产中占有特殊的战略地位。

1. 我国水稻生产面临的问题及对策

作物的优质高效生产是人们普遍追求的生产目标，在这方面国内外已开展了大量研究和示范，但只部分解决了低产的问题和产品外观、食味差的问题。由于作物生产效益相对较低，无论哪一国家，都没有解决作物生产的高效问题。特别是亚洲的水稻生产，受地形、地势的影响，机械化程度低，生产管理成本高，其生产的作用主要体现在社会效益上。由于作物产品的质量受制于市场，而市场又受制于消费者的饮食习惯、文化背景，因此，作物产品的质量是一个持续变化的概念，也始终是人们研究的主要内容。在作物大面积生产中，发达国家所施用的农药、化肥等化学产品总量仍居高不下。

纵观世界粮食发展，下述几大问题是水稻生产中必须着力研究和解决的重大课题。

第一，随着人们健康意识、生活质量意识、生态环境意识的增强和居民收入水平持续提高，社会、市场对无公害产品，特别是有机食品的需求量将直线上升，有机食品将成为人们首选的生活必需品。稻米作为重要口粮，其品质，在倡导绿色消费的今天，已成为人们最关注的指标，它直接引导消费者的价值取向，决定消费的数量。因此，解决稻米的卫生品质问题具有十分重要的社会意义、经济意义和生态意义。

第二，随着世界经济持续发展和人民生活水平持续提高，人们的饮食结构发生了重大变化。在粮食消费方面，直接消费的粮食越来越少，饲料用粮的数量越来越多。改革开放以来，我国人均口粮以每年 3 千克的速度下降；而间接消费的粮食（即肉、蛋、奶等转化的粮食）却越来越多，以每年 6 千克的速度上升。日本早就是食用稻米自给有余，却要大量进口饲料粮的国家。

第三，随着生态农业、精确农业、现代农业的迅速发展和经济的发展，农业生产中的产前环节将逐步工业化、生态化、精确化。推广种衣剂、可控施肥、品质改良剂等先进技术，既可节约资源，保护环境，又可提高劳动生产率，推动作物生产由数量型向质量型、效益型转变，增加我国水稻等主要农作物的生产效益，增强农产品在国际市场上的竞争能力。

第四，随着自然资源的持续减少，农业生产节本增效将成为必然趋势。农业生产过程以耗费资源为主要特征，稻谷的商品属性是农产品，相对效益低，仅靠提高单位面积产量难以显著增效。水稻生产实践中，资源消耗过多，生产成本居高不下，致使水稻生产丧失"经济"属性，影响水稻生产。发展水稻生产，必须同时兼顾节本与增效，特别是以提高单位资源产出率为重点，促进水稻生产持续发展。

要确保稻米安全地、持续有效地供给，除政策因素和投入因素外，科技进步是最重要的因素。我国南方稻区水稻生产普遍存在着两个关键问题，即稻米品质相对较差，生产效益相对较低。第一个问题的表现形式是国产稻米售价低，不能有效地占领市场，结果是我国这个水稻生产大国还要从泰国进口高档优质米；第二个问题的表现形式是水稻生产投入高、产出低、利润小，结果是稻农生产积极性下降，有田不种，种而不管，管而不善，抛荒田、中产田增加。这两个问题是摆在各级政府和科技工作者面前的重要课题，必须采取有效对策。

第五，水稻生产中所产生的温室有害气体对大气的影响不容忽视。由于温室气体对全球气候的可能影响，对温室气体的研究近年来受到各国科学家和政府有关部门的高度重视。甲烷(CH_4)是重要的温室气体，在大气中浓度的年增长率为15%。大气中甲烷有多种发射源，土壤是重要发射源。自然湿地和稻田对大气甲烷的增量分别为12%和18%。在世界范围内，由于日益增长的人口对粮食急剧增加的需求，水稻种植面积居高不下，形成稳定的甲烷发射源。寻求减少稻田甲烷气体排放的措施，对改善人类生存环境、维护生态平衡无疑具有重要意义。

减少稻田甲烷气体排放的措施，必须同时建立在4个前提下：一是不减少水稻生产的面积；二是保持水稻生产的经济效益；三是稻农自愿长期接受并自觉无条件地实行；四是技术简单易行，并可大面积实施。到目前为止，国内外已研究出多项措施，可有效减缓稻田甲烷气体的排放。归纳起来有以下几条。

第一，施肥技术。一是混施农家肥和化肥。单施农家肥（植物秸秆、动物粪便等）增加稻田甲烷排放量；单施化肥对稻田甲烷排放有一定抑制作用，但长期施用化肥又会对土壤、生态环境、食品安全产生不利影响。实践表明，最好是混施农家肥和化肥。二是推广施用沼渣类农家肥。将新鲜的农作物秸秆等放在沼气池中发酵后，纤维素和半纤维素被分解，产生的甲烷用于照明、取暖，沼渣用于施肥。随着生态农业愈来愈受到政府和农民的重视，沼气利用和开发已在发展中国家普遍推广。但从稻区植物类和动物类生物总量分析，目前大部分农家肥仍然是直接施用于稻田，施用沼渣类农家肥的只是局部的、少量的。

第二，品种选择。稻田甲烷排放和水稻的植物总重量呈反比关系，即栽培具有较大植物总重量的水稻品种可减少稻田甲烷。这是因为较大植物总重量的水稻品种可把更多的甲烷固定在水稻植株体内。

第二，灌水管理。一是深水灌溉：深水灌溉是指水稻田的淹水深度高于正常灌水深度（2 厘米），达到 5～10 厘米，较深的水阻碍了厌氧环境下产生的甲烷由下至上传输。二是间歇灌溉：每隔几天灌 1 次，保持灌水和晒田相间隔，减少甲烷排放。三是常湿灌溉：稻田无积水层，但要保持湿润状态。这种方法减排甲烷的作用最大，但水稻减产明显。

第四，施用甲烷抑制剂。施用甲烷抑制剂 AM1 和 AR2，可达到减排甲烷和增产的双重作用。AM1 和 AR2 主要由特殊的腐殖酸组成，施用后可减少甲烷形成的基质。

2. 稻田围栏养鸭是解决水稻生产现存问题的有效途径

上述 4 项措施各有特色，但都不能满足上述 4 个前提。稻鸭生态种养可望同时满足上述 4 个前提，并能依靠鸭的运动改善稻田的氧化状态，减排稻田甲烷和实现稻鸭种养增产增效。稻鸭生态种养即在稻田用秸秆或细网围栏，水稻移栽后放养雏鸭，稻鸭长期日夜共栖。利用鸭、水稻及杂草三者生活的耦合，利用农作物对病虫害的抗性，遵循稻田有益生物的消长规律，发挥鸭中耕除草、改善稻田通气状态和鸭捕食害虫、生态控制的作用，使稻田增氧、减排甲烷的同时，实现产品生产高产、优质、高效。

随看农作物病、虫、草害发生日趋严重，作物生产中大量施用农药已成为主要的技术措施。大量施用农药不仅严重污染了环境、影响了农作物的品质，也增加了农业生产的成本。稻鸭生态种养是一种自然生态系统，作物不施用农药，主要靠系统的自我调节、重建、恢复等方式维持系统的稳定。稻鸭共栖，在人工生态系统中模仿自然生态系统的调节行为，通过稻田养鸭控制病、虫、草害发生，达到作物生产中减少农药施用量或不施用农药、减排稻田甲烷、生产无公害食品、增加产值的目的。

(二)稻田围栏养鸭的作用

在水稻田中，水稻与杂草处于一种竞争生长的态势，为了使水稻在竞争中取胜，必须清除杂草，消除杂草对土壤养分的消耗和对日光能的争夺；稻田需经常灌、排水，大量的浮游生物、细菌及其他水生生物会随着稻田排水而流失；水稻害虫会使水稻大量减产，水稻中的物质和能量又会随着这些害虫的流失或羽化而离开水稻生态系统。然而稻田养鸭后，能起到富集物质和能量的作用，可把这些将要损失的资源充分利用起来。另外，鸭的粪便及排泄物又可以作为水稻的肥料，鸭呼吸排出的二氧化碳是水稻进行光合作用的碳源。

稻—鸭—萍共生生态系统的生态优势主要体现在以下几个方面。

1. 水温适宜

稻田水体为面积不大的浅水层，水层内不同深度获得的太阳辐射相差较小。同时，水层内的对流和紊流活动较弱，单位水体表面积的上水面与大气，下水面及四周与土壤的接触面积大，稻田水温对大气状况和地理状况的反应较敏感。由于水的热容量大于土壤(矿质颗粒)，稻田水温的变化较农田土温有滞后性和较强的保温力。根据测定和报道，稻田养鸭的田水温度月平均值，裸水温比气温高 1～2℃，而更接近于生产实际状况的植被覆盖下的水温比裸水温低 2～3℃，但是与气温相近或偏低 1～2℃，有利于稻、鸭的生长。

2. 土壤养分增加

稻田放养鸭子，鸭的粪便可以起到肥田的作用。鸭粪中除含有氮和钾外，还含有丰富的磷，都是水稻重要的养分。另外，稻田土壤中的养分，除了供给水稻生长外，还有一部分会被同时存在于稻田生态系统中的杂草、光合细菌和浮游生物夺走。据报道，仅杂草每年可使稻谷减产 10％，最高减产达 30％。稻田养鸭后，鸭消灭了大部分杂草，抑制了杂草的生长，减少了土壤养分的损失。同时，鸭的活动和绿萍的生长能疏松土壤，改变土壤的团粒结构，打破土壤表面胶泥层的封固，既有利于土壤肥料的分解，又有利于土壤的通透性和水稻根系的呼吸和发育，从而促进水稻有效分蘖的早生快发。因此，养鸭稻田中土壤的养分要高于普通稻田。据养鸭稻田和普通稻田土壤肥力对比试验表明，试验前期二者土壤养分含量基本相同；而试验中后期，则养鸭稻田土壤养分含量均比普通稻田高，特别是从有效磷和钾的含量来看，前者显著高于后者，且变化比较稳定。

3. 水稻害虫数量下降

鸭子对水稻害虫有明显的控制作用。鸭子不仅能摄食害虫的幼虫,而且还能摄食卵块,甚至可以跳起捕食飞蛾,因而,能有效地控制害虫的发生和发展。

4. 田间杂草减少

稻田中是否放养鸭子,对稻田杂草影响很大。由于鸭子的活动,稻田杂草的种类和数量都显著减少。鸭子主要通过取食和踩踏两种方式抑制杂草,特别是鸭子的踩踏灭草作用效果非常显著。放养鸭子的稻田,水稻生长后期普遍无杂草。

二、稻鸭共栖的基础和依据

(一)稻田环境有利于鸭的生长

稻田是由栽培水面和田埂两部分组成,是极其典型的人工生态系统。因为稻田的水较浅,浅水期水深 3～4 厘米,深水期水深 12～15 厘米,因而形成了独特的生态条件。它对水、土、光、热、气等的利用方式、利用率等与旱地、池塘相比有着较大的差异。

稻田与旱地相比,其最大的特点就是人为地把固相(土壤)与液相(水体)两者紧密地结合起来。因此,它除了具有平面式旱地所有的种植功能外,还可以利用水体这一立体空间来进行综合养殖,如养鸭、鱼、蛙、螺等水生动物,以及萍和水葫芦等漂浮性水生植物,充分地发挥水体综合生产潜力。另外,旱地作物的耕作,强烈地受季节和气候的限制,如果品种选择不当,季节衔接不紧密,就无法保证旱地作物的稳产、高产。而稻田立体生态系统就不一样,它可以充分利用光热资源,在同一季节、同一时间,有选择地使水稻、萍的生长和鸭的养殖在同一稻田空间内互利共生，各得其所，共同发展。

稻田养鸭与池塘养鸭相比的优势表现为：一是水温变化大。由于稻田的水较浅，水温受气温的影响很大，不但季节温差大，而且有明显的昼夜温差。通常白天的最高水温较最高气温低 1～2℃，而夜间的最低水温较最低气温高 1～2℃。夏天稻田的最高水温一般在 20～38℃范围内，有时会高达 40℃左右。二是水体溶氧充足。稻田内水体的溶氧量通常始终保持在 4.5～5.4 毫克/升。这是因为稻田内的水生植物较池塘多得多，白天的光合作用放氧量很大；稻田水浅、水面大，与空气的接触面大，大气中氧气的溶入量也较大。此外，稻田内的水交换量较大也是造成稻田水体溶氧充足的原因。三是病害少。稻田内的水质可以保持肥而活，活而爽，而且养殖生物的放养密度也较低，病原生物少。四是鸭可食用的饲料丰富。稻田中的各种杂草、浮游生物、底栖动物、水生昆虫等都是鸭的优质饲料。

稻田这一理想而优越的空间优势，还未充分被人们所认识和利用，绝大多数的稻田，还停留在单一的种稻功能上。我们只需主动地抓住稻田的各种有利因素，辅以人为的措施，通过人工干预，就可有效地控制物质和能量的流动方向，使其朝有利于稻、鸭双方的方向流动，使稻田生态系统最大地发挥其应有的生态效益、经济效益及社会效益。

(二)稻田为鸭提供适宜的生活环境

稻田是为适合水稻栽培而建立起来的人工湿地生态环境，是由光、热、水、土、气等非生物因子和以水稻为主体，包括各种杂草、浮游植物、底栖动物、细菌、真菌等生物因子构成的、开放程度很高的农田生态系统。由于水稻的生长离不开水，稻田具有干、湿两种生态环境，利用稻田水体和稻行间的立体空间进行围栏养鸭，比利用池塘、水库等水体环境养鸭具有明显的优势。其特点如下。

1. 水位波动大

水稻为浅根性作物，在整个生育期中，需水量相当大，每667 米^{2}产 500 千克稻的稻田需水量为 2 400 米^3，灌水量（扣除有效降水量）为 600～800 米^3，其中绝大部分被蒸腾消耗。当蒸腾失水和根系吸水保持平衡时，植物体即能正常生长发育，如果水分吸收低于蒸腾失水量，则会引起植株气孔关闭和光合作用减退，并由于土壤硝态氮的淋溶和脱氮而易使氮的吸收减少，从而造成水稻减产。水稻的增产是根据水稻生理需求采取不同的淹水深度和可调节的水田为基础，同时结合品种改良、水肥管理、病虫害防治等生产技术而实现的。水位波动通常在 3～10 厘米（晒田及黄熟后期田面无水），田水的交换量大。鸭是两栖类水禽，喜欢在水中觅食、嬉戏和求偶交配，在陆地上休息和产蛋，因此，稻田水体环境适合于鸭的放牧饲养。

2. 湿度变化大

温度是一切生物生长发育的一个重要条件。水稻是喜温作物，各地稻作都是在高温地区或高温季节进行的。由于稻田水浅，水温受气温等的影响较大，光照直达土面，上下水层水温一致。围栏养鸭的稻田中保持一定的水温，不仅是水稻生长发育的主要环境因素，也是鸭生存、生长的必要条件。鸭是恒温动物，对外界环境温度的变化具有一定的适应能力，成年鸭适宜的环境温度范围为 5～30℃。产蛋鸭最适宜温度为 0～13℃。稻田水温具有明显的季节差异和昼夜差异。据湖南省长沙地区 5～10 月份调查，在双季稻兼围栏养鸭稻田观测，发现稻田水温的昼夜变化呈抛物线状，最高温度出现在 15 时，而最低温度出现在午夜至黎明，温度变化范围为 17.2～38.5℃，6 个月平均水温 27.2℃，日较差平均为

6.5℃。在水稻封行后，且灌水较深时，田水温度的日变化相对小些。总体而言，田间温度有利于鸭的生长。

3. 溶解氧高

淹水土壤中的氧气来自大气、灌溉水及在水中进行光合作用的各种水生植物和水稻根系的分泌。由于田中的水稻、水生植物及浮游植物光合作用产生大量的氧气，且因田水浅、地势开阔，空气中的氧气容易溶解于水中，增加了水中的溶氧量，所以鸭无缺氧的危险。水中溶解氧的多少是判断稻田水质好坏的一个重要指标，氧气作为一种生活要素，通过鸭的呼吸作用，满足鸭维持正常代谢作用的需要。鸭对气体的需求量较大，对氧气的利用率也高，约60%。当水中溶氧量低于一定的水平时，鸭的正常生理活动甚至生命都要受到威胁。水中溶氧量的高低，也通过影响鸭的取食和消化，进而影响到鸭的生长，最终影响鸭的产量。

水中溶氧对鸭和产量发生影响的另一个原因是田水中有机质的氧化分解可促进田水中物质循环和消除一些生物代谢的有毒产物。在高溶氧条件下，好气性腐败细菌的活动强烈，有机质分解快；浮游植物和水稻以及杂草由于营养盐补充快而生长旺盛，生物量大，因此，稻田水体中各种动物蛋白质代谢的有毒产物——氨，能够作为一种营养盐而很快被吸收。另外，氨的硝化过程都是需氧的，溶解氧越多，作用越强烈，故在高溶氧条件下只要其他条件(pH)适宜，氨很快被转化成硝酸盐，不会积累到有毒程度。

4. 酸碱度适宜

酸碱度除了直接影响植物的发芽和生长发育外，还影响矿质盐分的溶解度和土壤微生物的活性，从而间接影响植物的营养状况。鸭生长的最适宜pH为7左右，我国稻田的酸碱度，一般pH在6～8，通常都适宜鸭的生活。在大量施用石灰的田块，往往水质偏碱；而施农家肥过多的田块，水质又偏酸。通过淹水可以改变稻田的 pH，酸性土壤淹水后 pH 降低，石灰性土壤、钠质土壤淹水后 pH 升高。大多数土壤淹水数周后 pH 可稳定在 6.5～7.5。

5. 光能充足

光能是稻田最主要的能量来源。据气象部门资料，我国南方年日照时数一般为 1 400～2 200 小时，年总辐射量为每0.01 米^2 418.40～502.08 千焦，光能、热能较充足。水稻对光能的利用率不足 1%，仍有许多辐射光及水稻未封行之前的大部分光能，能为田中杂草及浮游植物所利用，因而，稻田中的光能也是鸭能量的一个主要来源。

6. 鸭的食物丰富

稻田内水稻的根、茎、化、谷等残留物较多，据潘树根测定，每 667 米^2 残留于田中的稻根有 3 214 千克（鲜重），稻茬头 1 183 千克（鲜重），稻草 959 千克（鲜重）。稻草中含硅 9%～13%、钾 1.6%～3%、纤维素 35%～40%，这对促进田中微生物及硅藻的生长十分有利。水稻每个花药有花粉 1 400～1 500 粒，授粉之后就掉落田中。潘树根还测定，两季稻花达每 667 米^2 103.9 千克（鲜重）。禾花富含蛋白质，故有“稻花香，鲤鱼肥”之说。由于稻谷成熟度不一致，过度成熟的常会提前落粒，一般在收割中有 3%～5%的失落量，即每 667 米^2 有 15～25 千克谷粒掉落田中。据此，田中的水稻残留物量达每 667 米^2 5 400 千克（鲜重），约占水稻光合作用产物的 1/4，这就为稻田围栏养鸭提供了其他养鸭水域所没有的大量有机质和食源。由于水稻吸肥能力有限，及目前我国施肥水平较低，造成所施肥料只有 40%左右能被植株体吸收，其余的肥料被土壤吸收或溶解于水中，成为田间饵料生物的养分，再通过鸭的转化作用为人们带来收益。

7. 稻田病害少

由于稻田换水量大，水质清新，含氧量丰富，因而，稻田水体病原体少。稻田通过深耕，翻晒，水旱轮作，也能杀死许多害虫和有害细菌。据韩先朴调查，稻田水中细菌数为 4 100 个/毫升，鱼池水中为 8 800 个/毫升，细菌数量稻田比鱼池低 53.4%，其中致病菌稻田比池塘低 61.5%。所以，采用稻田围栏养鸭有利于鸭的健康生长。

(三)稻田为鸭提供食源

稻田内的各种杂草、浮游生物、底栖动物、水生昆虫等生物资源种类多且数量大，都是围栏养鸭所需的优质饲料。

目前所知的稻田杂草共有 41 科，209 个种和变种。稻田中的杂草，多数是水生植物和沼泽植物，少数是湿生植物，其繁殖力、适应性和生命活力都比水稻强，而且常常比水稻出苗早，花果期长，随花随果，随熟随落，到处滋生蔓延。有些杂草还是病虫害的中间寄主，对于水稻的生长发育十分有害。但许多稻田杂草，如鸭舌草、水葫芦、苦草、小茨藻等都是鸭很喜欢吃的天然饲料，稻田养鸭可收到既为稻田除草又为鸭提供饲料的双重效果。在一般情况下，稻田杂草每年夺去稻谷产量的 10%，最高的可达 30%以上。也就是说，若消除了田间杂草，稻谷将增产 10%以上。倪达书等测试表明，未进行养鸭等生态除草或未进行化学除草的早稻田杂草量达每 667 米^2 30～435.5 千克。鸭的生长速度快，饲料转化率高，按 1∶40 的饲料转化率计算，每 667 米^2 稻田可提供 10 千克以上的鸭产品。

稻田浮游生物包括浮游植物和浮游动物两大类。据调查，目前我国发现的浮游植物有 6 门 61 属，其中硅藻门 20 属，绿藻门 29 属，蓝藻门、裸藻门各 5 属，金藻门、甲藻门各 1 属。浮游动物有16种，其中原生动物3种，轮虫类10种，枝角类1种，桡足类2种。浮游植物量为15万～65万个/升，浮游动物量为900～2 800个/升。其中大部分都是鸭喜欢吃的鲜活饲料，如绿萍、水葫芦、紫背浮萍、轮虫等。由于稻田的肥料足，养分多，使稻田早期的浮游生物繁殖较快，其生物量达75～118.7毫克/升，比池塘高4～6倍。

底栖动物也是鸭的好饲料。底栖动物主要是软体动物、寡毛类和水生昆虫，目前发现的共有21种。稻田中的软体动物主要有田螺和扁螺；寡毛类主要有尾鳃蚓、颤蚓、水丝蚓；水生昆虫主要有摇蚊幼虫、蜻蜓目幼虫、差翅亚目幼虫等；此外，还有大量的两栖类蝌蚪。在这些底栖动物中，多数种类可直接或间接地成为田中鸭的天然饲料。如水蚯蚓、田螺、蜻蜓幼虫、摇蚊幼虫等。围栏养鸭稻田中的底栖动物比不养鸭稻田的少，因为养鸭稻田的鸭摄食了大量的底栖动物，摄食量为稻田底栖动物总量的80%～100%。普通稻田的稻作期间，底栖动物量为每667米^{2}6～17千克。此外，大量的水稻田间残留物也是鸭的主要食源。

三、鸭对水稻的增产作用

(一)鸭为稻田增加肥料

稻田围栏养鸭，对稻田土壤肥力具有很大影响，其效应是显著的。

1.除草保肥

据分析，水稻一生中所吸收的养分有2/3来自土壤原有肥力，只有1/3左右来自当季的施肥。稻田生态系统中的养分不仅要供给水稻生长，而且还要被同时存在于系统中的杂草、光合细菌、浮游生物等夺走，造成极大的浪费。据测定，未养鸭稻田中，水稻收割时杂草的现存量达每 667 米^2 30～435.5 千克，稻田杂草是造成水稻减产的重要因素。进行围栏养鸭的稻田，鸭消灭田间杂草，可有效地提高水稻的产量。在一般情况下，稻田杂草大多是被拔除后带到田外，结果是随草带走了土壤中的部分肥料，也带走了杂草所获得的日光能。而且大量的细菌、浮游植物、浮游动物以及部分底栖动物通常也因田水排放而流失，也直接或间接地造成土壤肥料和日光能的损失。实行围栏养鸭，则可“截流”这部分原本会浪费了的物质和能量，保住了稻田养分，为稻谷增产创造了条件。

2. 排泄物增肥

围栏养鸭稻田中，鸭子长时间露宿于稻田，其排泄物及喂鸭投入的残余饲料增加了土壤养分含量。围栏养的鸭所摄食的饲料，通过新陈代谢，有 30%～40%的能量用于鸭体增长，其余部分则以鸭粪的形式返还给稻田，成为水稻的肥料。鸭粪是一种优质肥料，养分齐全，富含磷、钾。据测定，鸭粪含有机质 26.20%、含氮 1.00%、含磷 1.40%、含钾 0.62%。根据统计，1 只鸭日产鲜粪 0.13千克，每 667 米^2 稻田围栏养鸭 12 只，在一季水稻田中生活 80 天，则排出鲜粪 124.8 千克，可增加稻田有机质 32.70 千克、纯氮 1.25 千克、磷 1.75 千克、钾 0.77 千克。相当于对当季水稻施尿素 2.70 千克、施普钙 19.58 千克、施硫酸钾 1.77 千克。按每 50 千克尿素 65 元、普钙 20 元、硫酸钾 60 元计算，每 667 米^2 减少肥料投入费用 11.15 元。

据 2001 年湖南省长沙市星沙点土壤化验，稻田养鸭土壤有机质含量分别增加 5.9%～9.6%，3.8%～9.7%和 23.4%～27.3%。稻田围栏养鸭生态系统土壤养分分析见表 10。

表 10　稻田围栏养鸭生态系统土壤养分含量

处理	晚稻					早稻				
	有机质（克/千克）	全氮（克/千克）	碱解氮（毫克/千克）	速效磷（毫克/千克）	速效钾（毫克/千克）	有机质（克/千克）	全氮（克/千克）	碱解氮（毫克/千克）	速效磷（毫克/千克）	速效钾（毫克/千克）
稻田养鸭	39.18	2.189	198.54	68.69	131.46	40.92	2.189	191.15	42.40	106.84
对　照	30.46	1.902	181.23	66.16	103.20	36.76	2.126	180.44	38.65	86.61

注：取样时间为早、晚稻收割期；此表为 2001 年分析资料。

3. 松土促肥

水稻土在淹水情况下，有机质分解得比较慢，腐殖化程度较高，肥效较稳定，养分损失少。但如果长期淹水，土壤还原性加强，有机质进行厌气分解，则产生多种有机酸，影响稻根呼吸及养分吸收；还原性更强，还会产生甲烷、硫化氢等毒害稻根。因此，必须进行中耕晒田才能增加土壤的氧化性，抑制还原物质的形成，保证水稻的正常生长。

稻田进行围栏养鸭在一定程度上具有晒田的功能。当稻田围栏养鸭后，由于鸭的活动与觅食，翻动土壤，增加了水与空气的接触，提高了水中溶氧量，改善了土壤的通气状况，增强了水稻土的氧化性，减少了水稻土原来存有的有毒还原物质，也促进微生物的活动，加速有机质的分解，使有机质不完全分解所生成的中间产物迅速矿质化，释放能量，生成各种氨态氮和磷酸化合物。可见，稻田养鸭有利于稻田生态系统中养分循环，促进土壤原有养分的活化，增加土壤有效养分数量。如稻田围栏养鸭有利于将田间废弃的有机态氮转化为速效氮，达到增加土壤肥力，形成良性循环。

此外，由于稻根吸收养分，常使根部周围养分浓度降低，只有借助土壤的渗透，高养分的水才能向根部移动，但其速度十分缓慢。当鸭在水中活动、觅食和翻动土壤时，将水体养分搅匀，加快土壤养分的渗透，使稻根能更好地吸收养分。养鸭稻田中的水稻由于土肥气足，因而根系发达，比不养鸭的稻田水稻根系多23.5%，分布广而深，有利于土壤深层养分的利用。

（二）减轻水稻病虫害

我国是养鸭历史最早的国家之一，早在春秋战国时期就已开始养鸭。明清时，人们已知道将鸭放牧于稻田用以防治蟛蜞；其后陈经伦饲鸭治蝗获得成功；陈九振、顾颜等加以引用，证明此法行之有效，养鸭除虫便在生产上广为运用。稻田养鸭除虫是一个典型模式。

常见的水稻病虫害主要有：病害31种，虫害66种（倪达书）。同时稻田中还存在大量的天敌。在水稻生育期间，利用鸭的昼夜好活动、勤觅食的习性，辅以人工手段，可以对水稻主要病虫害进行有效控制。养鸭明显的表现为对稻飞虱的控制作用，其原因：一是稻飞虱卵多产于稻株基部外围叶鞘上，而鸭可剥食稻株外围叶鞘、叶片，减少了田间有效卵的孵化；二是鸭可觅食落于水面的成虫、若虫，亦可跳跃捕捉叶片上飞行的成虫，直接减少了虫源；三是养鸭灌深水后减少了稻飞虱适宜产卵和取食部位，亦增加了稻株的耐害程度。对螟虫也有较好的控制作用，主要原因：一是蚁螟分散和转株为害过程中虫体落水，易被鸭类觅食；二是蚁螟群集蛀食稻丛叶鞘，而这些基部叶鞘易被鸭剥食。稻田养鸭后，水稻纹枯病将得以减轻，原因在于：一是鸭剥食稻丛基部的带病叶鞘和叶片，直接减少了田间菌源基数；二是稻丛基部枯黄老叶剥除后，改善了稻丛中的通风透光条件，不利于病菌繁殖；三是养鸭稻田长期灌深水，阻碍了菌核萌发菌丝，减少了菌丝侵染植株的机会；四是因为养鸭稻田中水稻生长旺盛，增强了自身的抗病力。据湖南省沅江县普丰乡调查,25 只鸭在稻田采食后,每只鸭子的食道胃状膨大部内平均有稻飞虱 26.9 只,稻叶蝉 63.6 只,鳞翅目害虫 40.2 只。另据湖南省长沙市调查,养鸭区早稻纹枯病株发病为 19.5%,比对照下降 15.5%;晚稻纹枯病株发病为 14.0%,比对照低28.2%,差异显著。稻田围栏养鸭的水稻病虫害状况见表 11。

表 11　稻田围栏养鸭的水稻病虫害调查

处　理	喷药次数	稻苞虫/(头/米^2)	稻飞虱/(头/米^2)	稻　螟/(头/米^2)	纹枯病株/%	白叶枯病株/%
围栏养鸭	4	0.3	31.7	0.3	19.5	10.1
对　　照	0	0	9.8	0	34.0	2.1

注:调查时间为早稻孕穗拔节期;此表为 2001 年 5～7 月份调查资料。

因此,稻田围栏养鸭是实现稻田生物防治的一种重要措施,可改变已往单纯依赖农药进行化学防治的状况,保护天敌,节省农药开支,减轻环境污染,有利于人类健康。

(三)防除杂草

1. 防除杂草的方式

一是鸭直接吞食杂草的茎叶,使杂草的数目减少。二是由于鸭在田中昼夜活动,通过脚踩、嘴拱等方式使部分杂草踩入泥中腐烂或浮出水面成为鸭的饲料。三是鸭在觅食过程中,吞食了部分杂草种子或使部分杂草种子埋藏过深抑制萌发。另外,养鸭稻田灌水较深,影响杂草种子萌发,也是造成杂草数量减少的原因之一。四是由于鸭露宿在田中,活动频繁,可起到经常除草、时时中耕的作用。据湖南省长沙市测定,鸭在稻田中活动面积达到 100%,平均重复活动指数为 3.4。频繁的活动使得稻田水体混浊，透光性差，严重影响稻田水体底部杂草的光合作用，抑制杂草的生长，减少杂草的数量。此外，在稻田翻耕之后、水稻移栽之前，可放养鸭群于田中，使土壤深处的杂草种子和残根等得以清除，从而减少水稻移栽之后杂草的生长数量。

2. 防除杂草的效果

围栏养鸭稻田中，由于鸭群活动面积大，重复次数多，所以养鸭除草不仅彻底，而且效果均一。据日本鹿儿岛大学测定，养鸭稻田中适口性较好的杂草基本上能被鸭子消灭干净，对于一些顽固性杂草也能起到很好的防治效果。鸭在稻田中的除草效果见表12。

表12　稻田围栏养鸭除草效果比较

处理		水葫芦	满江红	苋科	稗草	水绵	蓼科	眼子菜科	鸭舌草科	合计
稻田养鸭区	株数/(株/米²)	1	1	2	7	3	有	—	—	—
	风干重/克	0.1	t	t	0.1	t	t	—	—	0.2
不除草区	株数/(株/米²)	8	102	4	10	4	有	2	4	—
	风干重/克	9.8	42.9	0.6	1.5	0.3	2.3	t	t	57.4
人工拔草区	株数/(株/米²)	—	102	4	10	4	有	—	—	—
	风干重/克	—	13.4	0.1	0.2	0.1	t	—	—	13.8

注：t指未满0.05克此表为日本1994年7月31日调查资料。

稻田围栏养鸭后，鸭的除草效果可达98.2%，基本可以不施除草剂，因而，可节省生产成本，提高经济效益，保护生态环境。同时，由于鸭活动的频繁性，所以养鸭除草具有经常性和及时性的特点，这是人工除草和化学除草所不能相比的。

(四)改善稻田的通风透光状态

由于鸭大量消灭稻田杂草,剥食水稻的病脚叶、老黄叶等,使养鸭稻田中水稻的生长空间相对增大,改善了稻田的通风透光状态,有利于水稻对阳光、空气、养分的利用。同时,养鸭稻田中由于鸭不停地在水稻植株行间内窜行、觅食,搅动了土壤,活动了田间空气,更能加快空气和热量的交换。此外,鸭的尾脂腺较发达,它能分泌出一种脂肪样物质,当鸭窜行于稻株间时,可将脂肪样物质和烂泥涂在水稻底部茎处,抑制水稻无效分蘖的发生,使水稻茎秆粗壮光滑,增加田间的通风、透光量。有些地区为了使稻田围栏养鸭便于操作,采取了一些栽培和工程措施,如水稻栽培行间距扩大,采用宽窄行栽培或者采用起垄栽培,这些均可充分发挥水稻的边行优势,便于水稻采光透风,加强水稻的光合作用,减少水稻病虫害,使稻鸭共生互利作用更深化一步。

四、围栏养鸭稻田的建设

稻田围栏养鸭是将种稻和养鸭有机地结合在一起,充分利用稻田立体空间的光、热、水、肥,达到稻、鸭互利双丰收的目的。因此,养鸭稻田的基本设施既要保证水稻的生长需要,又要满足鸭对环境的要求;稻田水既要能满灌、全排,又要能保证鸭子有一定的水体空间进行活动;既要让鸭自由活动,又不能使鸭在田间随意走散。因此,除了对养鸭稻田要进行选择外,还必须对养鸭稻田进行必要的基础设施的建设。主要包括:稻田必需的排灌设备;防止鸭外逃的防逃设施,如栅栏、尼龙围网、电网等;鸭栖息的简易鸭棚;晒田时鸭子饮水、嬉戏所需的水坑等。

(一)稻田的选择

并非所有的稻田都能围栏养鸭,因此,必须对田块加以选择。养鸭稻田要达到以下条件。

1. 所处位置

由于鸭生性敏感,易受惊吓,故不宜选用公路、工厂、居民集聚地等喧闹区旁的稻田进行养鸭,以免鸭群受惊乱窜,踩伤禾苗。此外,养鸭稻田也不能过于偏僻,要便于人们每日给鸭投食及对养鸭稻田进行管理。

2. 水源条件

用于稻田养鸭的田块要求水源充足,排灌方便,旱季不涸,大雨不淹,水质清新无污染,水的酸碱度为中性或偏碱性,pH 在 6.8～8.2,为鸭提供水栖的有利条件。

3. 土壤条件

养鸭稻田的土壤以保水强、呈中性或微碱性的壤土或黏土为好,尤以高度熟化、高肥力、灌水后能起浆、干涸后不板结和保水保肥能力较强的稻田最为理想。沙土及重沙壤土的田块漏水漏肥,湿时板,干时散,土壤不稳定,肥料流失快,有机质含量少,土壤贫瘠,这样的田块,养鸭效果较差。

4. 面积大小

用来养鸭的稻田田块面积大小不定。游牧阶段,鸭群放养在稻田中,鸭可自由地从一块田游到另一块田,把无数块田视为一个整体,因此,稻田面积越大越好。围栏养鸭阶段,人们为了提高单位稻田面积内鸭的产量和鸭对稻田杂草、病虫害的控制效果,要求定田定量放养鸭。若以稻田饲料供给量为依据，鸭的最佳放养量为每 667 米^{2}10 只，田块大小以 533～790 米^{2}为宜。若以鸭对稻田内杂草和病虫害控制效果为依据，则鸭的最佳放养量为每 667 米^2 15 只，田块大小以 400～667 米^{2}为宜。因此，为了兼顾上述二者，人们通常每 667 米^{2}稻田放养 12 只鸭，大于 1 000 米^{2}的稻田要求用围网进行隔断。

（二）稻田围栏

1. 围栏的目的

第一，为了便于管理，防止所养的鸭子外逃或与其他稻田内的鸭混群。

第二，使所养的鸭固定在一定的田块内，便于有效控制田块内的杂草和病虫害。

第三，减少鸭的活动量，有利于鸭育肥；鸭群天然隔离，可减少鸭病，提高成活率。

第四，避免外界的敌害窜入稻田惊扰鸭群。

2. 围栏的种类

根据围栏所用的材料不同，围栏可分为尼龙网围栏、荆棘围栏、竹篾围栏、铁丝网围栏、电网围栏等。最方便、最常用的是尼龙网围栏和竹篾围栏。

3. 围栏的时间及准备工作

围栏的时间可安排在插秧之后、放鸭之前的任何一天。最好在天气晴朗时进行。围栏之前，先要对养鸭稻田的田埂进行清理、加固。具体工作包括割掉田边的杂草，以减少鼠害；检查田埂的结实度，对开裂和留有暗洞的地方要用稀泥糊好，并用土方加固、夯实，防止大雨时冲垮及漏水。若有可能，可在田埂的两侧及顶端种植一些瓜、豆类作物，利用植物的根系护坡。此外，也可用石板、水泥板等其他建筑材料护坡，以保证田埂结实，经久耐用。围栏的准备工作还包括到田边实际测量田埂的长度，以确定所需的围网等材料的数量。准备好相应的尼龙绳、铁丝、木桩等物资。

4. 围栏技术

(1)网状围栏。所用围网一般为各种麻绳、锦纶等材料制成。要求网片高度 1.0～1.2 米，围网的孔隙小于 0.01 米^2。进行围网时，要找一个较为开阔的地方，用梭子或竹签将用来固定围网的尼龙绳或麻绳以 10 厘米左右的间距穿在围网两端，以便围栏时把网固定、拉直。围网时最好两个人同时操作，一人在前把网拉直，另一人负责把围网底部放在田埂内侧用土压实，再每隔 1.5 米打入 1 根木桩，将网拉平，用细铁丝将围网固定在木桩上即可。木桩要求钉入田埂深 0.3 米，以免被风刮倒。网围好之后，还要绕田埂检查一下围网下部是否全部密实，松动的地方还需加小桩子固定，以免鸭子逃逸。

(2)竹篾围栏。首先应在田埂上每隔一段距离设 1 个小木桩，然后在木桩的内侧将围栏竹篾加以固定，并将竹篾围栏埋入土内 5～10 厘米，围栏的高度要求 1 米左右。围栏上的接口要求有 10 厘米左右的重合部分，并左右对齐边缝，用线绳或铁丝拧紧，不留缝隙。在田埂的偏僻一侧，可做一个活动小门，方便人们给鸭喂食，但一定要注意门与围栏的严密性。

(3)电网围栏。即在田埂四周布上电网，通电之后利用脉冲电流，迫使鸭不能接近田埂，只能在稻田内活动。此方法成本高，国外用得较多。

(4)荆棘围栏。即在养鸭前一年的秋季，在稻田四周田埂上按一定的密度种植荆棘、女贞等灌木植物，待来年植株长到一定高度时，就可形成天然围栏，防止鸭子逃出田外。此方法第一年工作量和成本较高，但是一劳永逸，来年就不需重新围栏，只要查缺补漏就可以了。

围栏围好之后，还要对稻田的进、出水口处设拦栅设施，防止鸭从此处外逃。拦栅可用竹条、塑料条、金属丝、树枝条等编织而成，形状有方形、拱形等。拦栅宽度应略大于进、出水口的宽度，高度要与田埂相等或略高于田埂。拦栅的孔隙不宜过大，也不能过小，以 0.01 米^2 左右为佳。孔隙过大，鸭的头容易卡在孔隙内；孔隙过小，水中杂质容易堵塞孔目，阻碍进水。故有些地方拦栅设内、外两层，内层孔目要小些，外层稍大些。内层用于防鸭外逃，外层用于滤水及防止外界敌害窜入。拦栅一定要深入进出口底面及两侧的土壤中，最好将底部打实，在两侧立桩后再加固定，也可采用水泥筑卡槽的方式固定。

田埂高过 0.5 米且埂壁陡峭光滑的地方可以不设围，以降低成本，节约开支。围栏的方法有很多种，各地可根据实际情况采用不同的方法。

（三）鸭舍搭建

为了使露宿在稻田中的鸭有一个栖息的地方，通常要在田块中央或田块一端砌一个供鸭休息或躲避风雨的栖息埂或鸭舍。

1. 施工时间

鸭舍和栖息埂必须在插秧前稻田未灌水时砌好，否则不便于出土，也易踩踏插好的禾苗。所选的筑棚用地不要翻耕，以免地基不坚固。鸭舍和栖息埂可在围栏之前或之后搭建，但鸭舍必须围入围栏内。

2. 工程设计与施工

鸭舍的设计必须方便鸭自由出入及人对鸭的投食和管理，要能挡风、避雨、遮阳，保持一定的干燥。有些地区在设计鸭舍和栖息埂时还需考虑鸭的安全问题。故鸭舍一般应修筑在稻田的一角或稻田中央，要求地势比田内水面高出 10～20 厘米。

①修筑田边鸭舍。根据田内地势选择稻田一拐角，若此处地势已经较高，可直接搭棚。棚内支柱可用木桩或水泥桩，也可直接用砖头垒砌。棚舍高度 1 米左右即可，太高容易被风刮倒，太矮光线较暗，且易潮湿。整个棚体由三面构成(也可设计为四面或其他形式)，棚面应宽些，朝向稻田方向，以便于鸭群出入；两侧依田埂呈“人”字形拉开，要求紧靠围栏，这样可节约用地，也可避免鸭棚与围栏之间留有间距，防止鸭群在鸭棚后面活动而损坏鸭舍和围栏。棚顶可用石棉瓦、塑料布、油布、稻草等铺盖，棚壁可用木板、油布、塑料布、废旧铁板、石棉瓦等围成。棚内地面由内至外地势要由高到低，与稻田的接角要呈弧形。地面要垫上砖头、木板或竹夹板，以免鸭群长年活动的地面潮湿。鸭舍与稻田水面之间最好留有 0.5～1.0 米的距离，使鸭群上岸后抖落身上的泥水，不把它带入鸭棚内。按照每只鸭需 00.09 米^2 的面积、每 667 米^2 稻田养鸭 12 只计，则每 667 米^2 稻田需留 1.1 米^2 栖息面积，外加棚外约 1 米^2 的活动面积，共需 2 米^2 左右。若所选处地势较低，则需用砖头把地面垫高，或只在两侧用砖砌两条埂，高度以高出水面 15 厘米左右为标准，再用木板或竹夹板搭在所砌两埂上固定，然后再搭棚。

②修筑田中鸭舍或栖息埂。此种设计方式的目的主要是防范天敌侵害和偷窃鸭子。在田中修筑鸭舍，可不要棚壁，四面皆空，方便鸭群下田与上岸。最关键的是鸭棚地基要牢固，不渗水。筑棚之前，先将土面垫高夯实，再在四周用砖砌好，以免田水浸泡、鸭

群乱踩之后鸭舍地基松垮。鸭舍地面要求中间高四周低，便于水往外流。棚顶一般用石棉瓦、水泥瓦等较重的材料铺盖，再由 4～5 根支柱支撑，每根支柱要求埋入地下 0.5 米，棚顶与支柱之间要用铁丝拧紧，这样鸭棚才牢固，不会被风刮倒。田中栖息埂应垒在田中央，以免栖息鸭群受外界惊扰。栖埂呈双埂一沟形状，由中间捞泥向两边垒埂。埂高出水面 20～25 厘米，宽 33 厘米；沟宽 65 厘米，深 50 厘米。栖息埂的长短按每只鸭 25 厘米计，每 667 米^{2}养鸭 12 只，需栖息埂 3 米左右。

(四)水坑挖建

水坑是缓解鸭群在稻田里栖息生长与水稻施肥、用药、晒田等矛盾的一项重要设施，同时也是预防稻田旱、涝灾害和保障鸭群饮水、洗浴的一项重要措施。

1. 开挖时间

可根据各地生产实际进行灵活安排。主要有两种：一种是插秧后开挖。优点是可提高插秧工效，保证水坑的规格和质量；缺点是开挖时比较困难，尤其是田中开挖出的泥土难以分散。另一种是插秧前开挖。优点是开挖水坑方便，开挖出来的泥土容易分散平整田面，可提高开挖的效率；缺点是插秧灌水可能会影响水坑的清洁，水坑注水前还要清理淤泥，增加用工数量。目前许多地方的做法是提前在冬春农闲季节开挖，做成深 1.5 米、宽 2 米左右的永久性水坑。优点有 5 条：一是避开农忙季节开挖，劳力好安排，而且挖成以后可以多年利用，每年只需略做修整，即可多年受益；二是鸭可以早放养，晚收回，延长鸭在稻田中的生长期；三是水坑宽而深，有利于鸭避暑度夏；四是清出的坑底淤泥是夏熟作物的优质肥料；五是坑的容量大，涝灾时可蓄水排渍，旱灾时可放水抗旱，有利于稻、鸭的生长。

2. 水坑面积

在保证水稻不减产的前提下，应尽可能扩大水坑的面积，使其能够更有效地调节田中水位，较大限度地满足鸭的生活需要，有利于稻、鸭的高产。

若按每 667 米^{2}12 只鸭的放养密度，则每 667 米^2 挖 1 个深 1.5米、宽 2 米左右的水坑即可满足鸭群洗浴及活动的需求。如果水坑还兼作稻田抗旱抗涝的“调节池”，开挖面积可占全田面积的 9%，甚至更大。

3. 水坑形式

水坑的位置一般应设在田的进水口端一侧，以靠近鸭舍为佳。如此布局有利于水体交换，在为水稻施肥、洒药、晒田时可将鸭赶入水坑。要用围栏把鸭舍与水坑一并围住，这样便于鸭的喂食和管理。待水稻进入灌浆期后，须将鸭围入水坑，直到水稻收割后，再次把鸭群赶入稻田，觅食遗落在田间的稻谷。

水坑的形状一般做成下窄上宽的四方体或圆形，也有根据地形地势挖成其他形状的。坡比(0.5～1)∶1。若土质较差，坑壁可用石板或水泥板护坡，防止淤泥淤积在水坑内。坑口四周加筑围口埂，以高出稻田水面 10～20 厘米为标准，以免施肥、洒药后稻田中的肥水、药水流入水坑，污染坑中水质。

水坑的坑沿上要留进、出水口。出水口深度要略低于稻田土面，便于晒田时将田中渍水排尽。进、出水口均要求安两层拦栅，外层可用竹篾等编成的栅帘，插入泥中密封进、出水口，其凸面逆水流方向，以防泥、土、杂草等杂物进入水坑；内层要用木板、水泥板等密闭性较好的材料，以便严格控制水流的进出。建议采用水泥筑卡槽的方式，特别是排水口低于土面，更要注意密闭性。有的田块旁边有丰产沟、草泥塘等，水坑则可与之相结合，做到一沟两用，一塘两用，既可节约稻田面积，又能节省挖坑的劳动力。

4. 搭建遮阴棚

因为鸭耐寒不耐热，稻田水浅，夏季水温变化幅度大，在夏季烈日下水温可达 39～40℃，水坑上如不设遮阴棚，则会因水温过高而影响鸭的正常生长。因此，可在水坑的西南一端搭建遮阴棚，棚侧种植丝瓜、南瓜、冬瓜、扁豆等藤蔓类作物，既可为鸭遮阴降温，又可提高稻田的综合利用效益。遮阴棚可用竹木搭建，架上覆盖茅草、稻草等。棚高 1.5 米左右，棚的面积以占水坑面积的 1/5～1/3为宜。遮阴棚一般为东西向搭建，如周围有障碍物，也可顺风方向安置，如东南西北走向，以便于东南风吹进，降低棚内温度。

五、稻田围栏养鸭的种养技术

（一）雏鸭的选择与放养

1. 雏鸭选择

选生活力、适应力、抗逆性均较强的中小型优良鸭品种，如四川麻鸭、滨湖麻鸭、建昌鸭、绍兴鸭等（图 10，图 11），以适应“小窝密植”的水稻栽培特点，使鸭在稻田中能自由穿行觅食。

2. 适时放养

稻田露宿养鸭，应投放 20～25 日龄、个体重 150～250 克的雏鸭。放养时间应掌握在栽插秧返青后。中等肥力田一般每 667 米^{2}放养 12 只左右，上等肥力田放养 18 只左右，以利于发挥生态效益。

公　　　　　　　　母

图 10　建昌鸭

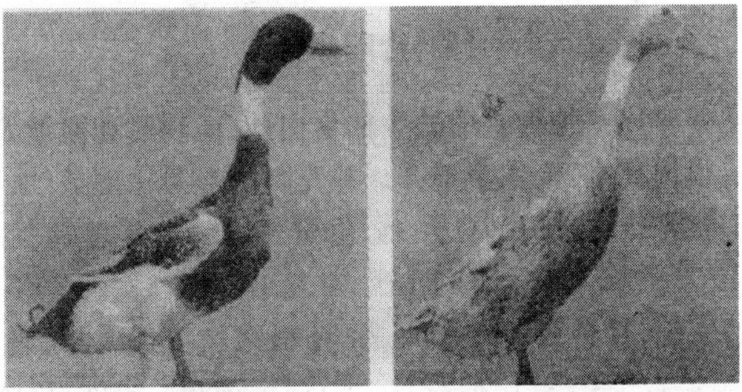

公　　　　　　　　母

图 11　绍兴鸭

3. 培育生物饲料

搞好以萍为主的生物饲料培育。据测定，鸭昼夜好动，取食以绿萍、红萍为主的稻田生物饲料平均每只鸭每天取食 0.83 千克，最高的可达 1.5 千克左右。因此，要放足萍的数量，每 667 米^2 可放 150～200 千克。放萍后每隔 10～15 天每 667 米^2 追施畜禽粪水 300～500 千克(忌追人粪尿),过磷酸钙 1.5～2.0 千克,做到萍的增加量略大于鸭的消耗量。

4. 合理补料

主要补充平衡饲料中缺少的蛋白质、矿物质和微量元素,使鸭长得健壮结实,大小整齐。补充料的参考比例(%)是:玉米 40、麦麸 25、稻谷 10、豆饼 15、鱼粉 5、滑粉 2、碳酸钙 2.5、食盐 0.5。雏鸭每天只需补料 1 次,补料时间以在傍晚为宜。随着鸭的生长,补料量应逐渐增多,补料次数以每天早、晚各 1 次为佳。

5. 巡田管理

鸭苗放养时,正是水稻分蘖期,应加强巡田管理。一是水层管理,水稻拔节、孕穗、抽穗期需水量大,可灌深水,一般稻田水深应保持在 10 厘米以上;二是检查水稻病虫害发生情况;三是观察鸭群在田间的活动情况,生长发育是否正常,围栏有无破损,发现情况要及时解决。

6. 防治疫病

凡发霉、发臭、腐败的饲料不能喂鸭,必须丢弃。用 25%的来苏儿消毒用具,用 2%的生石灰乳剂消毒围栏。鸭瘟是病毒性传染病,必须给鸭接种疫苗增强免疫力,以 20 日龄接种较好,如发现异常情况,做好应急处理。

7. 适收成年鸭

水稻进入散籽弯腰期后,要适时收回田中成年鸭。因为,这时的鸭子一般都已长到每只 2 千克左右,采食能力极强,如不及时收回出售,就会采食快成熟的谷粒,造成水稻减产。

(二)水稻的品种选择与育苗

1. 水稻的品种选择

选择株型紧凑、丰产性能好、抗性强的优质稻品种。早稻：湘早籼31号、湘早籼32号、中优早12号、香两优68、八两优96等；晚稻：湘晚籼9号、湘晚籼12号、湘晚籼6号、金优207、新香优80等；中稻：两优培九、赣育923、培两优288、丰优162等。

2. 整田施肥

大田整地要求：下粗上细、平整、高低度相差不超过5厘米。施肥：轻氮重磷、钾，实行一次性施肥，不施追肥。每667米^{2}施纯氮10～11千克，磷(P_2O_5)5～6千克，钾(K_2O)10～11千克，即每季每667米^{2}施用25%水稻专用复混肥50千克，加尿素4～6千克。

3. 栽培密度

早稻每667米^{2}抛秧或移栽2万～2.2万蔸，常规稻基本苗12万～13万株，杂交稻基本苗8万～10万株。晚稻每667米^{2}抛秧或移栽1.8万～2万蔸，常规稻基本苗10.5万～11.5万株，杂交稻基本苗7万～9万株。

4. 田间管理

水稻抛秧或移栽返青后，长期保持1～2厘米的水层一直到水稻的乳熟期。不要晒田、露田，田间不能缺水。如果田间缺水，稻田中的泥浆会压死禾苗，粘死鸭子，或鸭子因无水生活而渴死。收鸭以后，放干水，使稻壮籽，促进成熟。

六、稻田围栏养鸭的管理

稻田围栏养鸭的管理主要包括鸭的饲养管理、水稻的栽培与管理和细绿萍的种植技术 3 个部分。这 3 个部分构成稻田围栏养鸭的整体技术体系。

鸭的饲养与管理

鸭的饲养管理包括室内育雏、稻田成年鸭饲养管理及产蛋鸭、种鸭饲养管理等阶段。各个阶段都很重要，均应加强饲养管理才能保证鸭的体质健壮，提高产蛋率。

1. 雏鸭培育

雏鸭是指从出壳到 4 周龄或 30 日龄的苗鸭，这个阶段称为育雏期。育雏期内雏鸭的饲养一般称为雏鸭培育。雏鸭饲养的成败直接影响到鸭群的发展、稻田养鸭计划的完成，因此，雏鸭阶段必须精心培育。在育雏期提高雏鸭的成活率是中心任务。在生产实际中，成活率的高低是衡量生产管理水平和技术措施的重要指标。刚出壳的雏鸭个体小、绒毛稀、体温调节能力差、对外界环境的适应性差、抵抗力弱，若饲养不善，容易引起疾病，造成死亡。为此，从雏鸭出壳起，必须创造适宜雏鸭生长的生活条件，精心地进行饲养管理。

(1)育雏的必要环境条件。养好雏鸭需要有适当的温度、湿度、饲养密度、光照和安静的饲养环境。

①温度。刚出壳的雏鸭缺乏体温调节能力，直到 4～5 日龄后雏鸭才逐步建立起自己的体温调节能力，因此，要根据实际情况实行人工给温。育雏的适宜温度见表 13。

表13　蛋鸭育雏舍温度

日龄	舍温/℃
1	26～28
2～7	22～26
8～14	18～22
15～21	16～18

为了保证育雏室温度稳定，房舍要保温性能好，清洁卫生。

②湿度。在育雏期间，环境的湿度不能过大，一般在低温高湿时，雏鸭很容易感冒。自温育雏法易引起湿度过大，要注意垫草的更换。另外，喂水时，不要让水溢在室内。雏鸭下水后，可让其理理毛，晒晒太阳，然后在干燥的垫草上休息。若是在人工加温的条件下，育雏的早期，即在5日龄内，要防止育雏室过于干燥，以免雏鸭的脚干瘪。此时可以向育雏室内喷些水雾，或是在火炉上烧些开水，增加室内空气湿度，但垫料仍然要保持干燥，千万不能将水洒在垫草上。

③密度。只有合理的密度，才能保证鸭的体质健壮、群体发育整齐。因此，要根据饲养面积等条件，决定饲养数量。蛋鸭雏鸭较适宜的饲养密度参见表14。

表14　蛋鸭雏鸭期各周龄的饲养密度

周龄	饲养密度/(只/米^2)
1	35～28
2	28～20
3	20～15
4	15～12

④光照。光照对鸭的生长发育有很大的影响，尤其是雏鸭特别需要光照。太阳光可提高鸭体温度，增强血液循环，促使皮肤维生素 D_3 的合成，从而促进骨骼的正常生长，刺激消化系统功能，增强食欲，增加新陈代谢能力。在缺乏自然光照或自然光照不足时，需补充人工光照。育雏期的光照每天需 20～23 小时。光照度：1 周龄内为 1～8 勒克斯，2 周龄起为 5 勒克斯。另外，每天需 1 小时的朦胧光照。

⑤环境。保持饲养环境安静，工作人员进育雏室时应注意行动轻便自然。

(2)雏鸭的饲养。

①开水。教初生雏鸭第一次饮水称为开水。一般雏鸭出壳后 24～26 小时在开食前先开水。由于雏鸭孵化时间较长，且出雏器内温度较高，体内的水散发较多，因此，必须适时补充水分。雏鸭一边饮水，一边嬉戏。雏鸭受到水的刺激后，生理上处于兴奋状态，促进新陈代谢，促使胎粪的排泄，有利于开食和生长发育。开水的方法有很多，如用鸭篮开水，即将鸭入鸭篮中，再把鸭篮慢慢浸入水中，至水浸没雏鸭脚面为止。这时锥鸭可以自由地饮水、洗毛，2～3 分钟后，再将鸭篮连雏鸭端起来，让其理毛，放在垫草上休息片刻后就可开食。也可在草席或塑料布上开水。开水之前，在雏鸭绒毛上喷洒些水，使每只雏鸭的绒毛上形成小水珠，雏鸭互相啄食小水珠，以达开水的目的。用高 4 厘米的水盘盛 1 厘米深的水，将雏鸭放入水盘中，让其在水盘内自由饮水、理毛，2～3 分钟后，将雏鸭抓出放在垫草上理毛、休息后开食。随着日龄的增加，盘中的水可以逐渐加深，并将盘放在排水方便的地面上，任其饮水、洗浴。还可采用饮水器开水。

②开食。雏鸭的第一次喂食称为开食。雏鸭开食不能过早或过迟。开食过早，一些体弱的雏鸭活动能力差，本身无吃食要求，往往被吃食好的雏鸭挤压致伤，影响今后开食；而开食过迟，因不

能及时补充雏鸭所需的营养，致使雏鸭因营养消耗过多、疲劳过度而成“老口”，降低雏鸭的消化吸收能力，造成雏鸭难养，成活率也低。传统的开食一般是用焖熟的大米饭或碎米饭，或用蒸熟的小米、碎玉米、碎小麦粒直接喂食，食物比较单一。现在采用混合料喂食，大大提高了雏鸭的成活率和生长速度。刚开食时，不能让鸭吃得太饱，一般七八成饱就够了，否则会影响雏鸭的消化和活动。开食 3～4 天后就可给鸭喂食青绿饲料。雏鸭可吃的青绿饲料很多，如各种水草、青菜、浮萍等。一般将青饲料切碎单独喂给，也可拌在饲料中喂。雏鸭 5 日龄左右就可“开荤”，即开始给雏鸭饲喂动物性蛋白质饲料，如小鱼、小虾、蚯蚓、螺蛳、蛆等。

③喂食砂砾。砂砾是养鸭中不可缺少的一种物质。鸭体内有了砂砾，就可以增加鸭体肌胃的摩擦面积和磨碎力度，帮助肌胃将饲料磨碎，提高雏鸭对饲料的消化吸收能力。因此，在雏鸭的饲料中必须加入砂砾。一般雏鸭 7～10 日龄时就要加入如绿豆大小的砂砾，以后随着日龄的增大，砂砾也要逐步换成黄豆大小。所加砂砾一般占饲料量的 2%。待下田后，鸭就可直接从稻田中吃到所需的砂砾。

(3)雏鸭的管理。在创造良好的饲养条件和提供合理的饲料营养基础上，采取相应的管理措施，对雏鸭实行精细的管理、严密的训练和调教，既能增强雏鸭的体质，提高雏鸭的成活率，又能为下一阶段成年鸭或后备鸭的饲养、放牧奠定基础。

①及时分群。雏鸭分群是饲养上开水、开食的需要，是提高成活率的重要一环。雏鸭在开水前，根据出雏的先后、强弱进行第一次分群；第二次分群是在开食以后，一般吃料后 3 天左右，可逐只检查，将吃食少或不吃食的放在一起饲养，适当增加饲喂次数，比其他雏鸭的环境温度提高 1～2℃。同时，要查看雏鸭是否有病，对有病的要对症采取措施，如将病雏分开饲养或淘汰。还要根据雏鸭各阶段的体重和羽毛生长情况分群饲养。

②适时脱温。雏鸭的保温根重要，是育雏成败的关键措施之一。尤其是育雏的前7～10天，在保温的同时，要逐步降温，最后达到完全脱温，使雏鸭逐步适应在自然温度下生活。雏鸭在4～5日龄时，体温调节能力逐渐加强，因此，必须按培育的温度适当降低。在外界气温高时，可以让雏鸭外出下水嬉戏，但在夜晚，尤其是在凌晨2～3时，气温较低，要注意适当加温，以免受凉。一般饲养的夏鸭，在15～20日龄可以完全脱温下田；春鸭或秋鸭，由于外界气温低，保温期长，需养至25～30日龄才可以完全脱温。

③下水和放牧。雏鸭的下水和放牧训练是为了让鸭群提早适应外界环境，有利于在稻田喂养过程中健康生长。下水要从小开始训练，开始的5天可与开水结合起来。有条件放牧的地方，鸭要从小调教下水活动，如天气暖和，雏鸭1～5日龄就让其点水，即在2厘米浅水中活动，以后让其在水中自由活动。天气较冷也要进行下水锻炼，开始下水时宜选在晴朗天气进行，待习惯后则可自由下水。下水过后，可让雏鸭在温暖背风处梳理羽毛，待羽毛干后再进入育雏室。从雏鸭自由下水后第6天起，可进行放牧调教。开始时可在鸭舍附近放1个水缸，水深30厘米，内放浮萍、小鱼、小虾、螺蛳等水生生物模拟稻田环境，把雏鸭放入缸中，让其自由活动、觅食。待其适应后，则可选择附近的稻田、池塘作为放牧训练场所。开始放牧时间不能太长，每天放牧2次，每次20～30分钟，就让雏鸭回育雏室休息。随着日龄的增加，放牧时间可以延长，次数也可以增加。为了使雏鸭今后听人召唤，每次喂食前都要给一个信号，久而久之，建立条件反射，就能做到呼之即来，这样，便于放牧管理。一旦建立了条件放射，就不能随意改变。通过下水调教，放牧训练，可增强鸭的胆量，建立起规律性的活动信号。

④清洁卫生。雏鸭较娇嫩，抵抗力差，因此，要创造一个干净卫生的生活环境。要做到圈舍地面每天清扫，舍内垫草须勤换，以保持干燥。

2. 稻田成年鸭的管理

待雏鸭完全脱温后，鸭长至20～25日龄、个体重150～250克时，鸭群即可下田自由采食。第一次放鸭时间选在稻田灌水翻耕后、秧苗移栽前。此时在泥土深处生活的各种生物浮出水面，为雏鸭带来丰富的动物性蛋白质饲料。第二次放鸭时间在水稻移栽15～20天、秧苗已经完全返青时，可将鸭群按每667米^2 12只的标准分放到已围好围网的稻田中。让鸭群自由觅食田中生物，发挥其对稻田进行中耕除草、为水稻除虫灭病的作用。第三次放鸭时间是在水稻收割后，利用鸭群觅食稻田中的遗留落谷和野生动植物，以减少人工饲喂量。

(1)采食训练。由于育雏期和放牧前的雏鸭采用配合饲料喂养，从喂给饲料到放牧生活需要经过一个训练和适应的过程。主要训练鸭主动觅食泥里、水中、禾上的各种生物的能力。

第一种方法：除了模拟稻田环境继续进行育雏期的下水、放牧训练外，主要是训练鸭子觅食稻谷的能力。可在配合饲料中添加少量的稻谷(稻谷必须浸泡至柔软，最好是浸泡后经开水煮到有些露出米粒时，再用冷水浸凉后喂给)，一般经2～3天鸭能吃稻谷后，就可以逐步增加稻谷的数量，直至完全用稻谷饲喂。

第二种方法：采用饥饿追食法。第一次喂谷时，让鸭先饥饿一下，即饥不择食法。这种喂法是将谷粒撒在席子或塑料布上，以免鸭子因抢食而受伤。待鸭子适应采食稻谷后，就要将稻谷逐步撒在地上，让鸭子适应采食地上的稻谷。继而将喂食地移至水池边，在能见底的浅水处撒些谷粒，让鸭自由地潜入水中去采食，使鸭建立起地上或水中皆有谷粒可吃的条件反射，从而使鸭具有地上觅食和水下觅食的能力，当鸭群放牧于稻田时，就会在水上、水下寻找饲料取食了。

(2)人工补料。主要是补充和平衡饲料中缺少的蛋白质、矿物质、微量元素，使鸭长得健壮结实，大小整齐。补料的时间和数量要视田中生物饲料的多少、鸭的品种、鸭的生长速度及饲养用途而定。如果田中动植物饲料丰富，放鸭初期可不投或少投全价饲料。随着稻田中生物量的减少和鸭体重的增加，鸭的消化能力增强，对饲料的需求量变大，此时要有区别地进行人工补料。

补充料的配方要根据鸭对营养的需求制定。我国的养鸭工作者，根据我国鸭的品种和饲养条件制定了一些饲料营养标准。如浙江省绍兴鸭研究小组对我国蛋鸭生产提出了建议营养水平，中国农业科学院畜牧研究所多年来也形成了自己使用的肉鸭饲养标准，见表15，表16。

表15　绍兴麻鸭的营养需要量

营养水平	后备期	产蛋期
代谢能/(兆焦/千克)	10.88	11.51
粗蛋白质/%	11～13	18～20
粗纤维/%	5～6	4～5
钙/%	0.9～1.5	2.5～3
磷/%	0.4～0.6	0.8
赖氨酸/%	0.64	0.80
蛋氨酸+胱氨酸/%	0.58	0.60
维生素A/(国际单位/千克)	4 000	8 000
维生素D/(国际单位/千克)	600	1 000

表16　北京鸭的营养需要量

营养水平	后备期	种　鸭
代谢能/(兆焦/千克)	11.51	11.72
粗蛋白质/%	14	18～19
钙/%	0.9	2.75～3.2
磷/%	0.45	0.40

续表 16

营养水平	后备期	种　鸭
赖氨酸/%	0.54	1.00
蛋氨酸＋胱氨酸/%	0.43	0.73
维生素 A/(国际单位/千克)	8 000	8 000
维生素 D/(国际单位/千克)	1 000	1 200

稻田围栏养鸭中补充料的参考配方(%)是:玉米 40、麦麸 25、稻谷 10、豆饼 15、鱼粉 5、碳酸钙 2.5、滑粉 2、食盐 0.5。饲料以颗粒状为佳,粉状饲料稻田饲喂易造成浪费。饲喂雏鸭的颗粒直径不要超过 3 毫米,颗粒太大雏鸭吞咽困难;4～8 周龄仔鸭用的颗粒饲料以直径不超过 5 毫米为宜。在喂配合饲料的同时,要加喂青绿饲料,用料以占饲喂总量的 20%为宜。

早期雏鸭每天只在傍晚补饲 1 次。每天清晨,鸭群经过一夜的休息,体力充沛,又处于饥饿状态,所以进入生物饲料丰富的稻田能立即低头采食,对饲料选择性低,能在短时间内吃饱,因此,只在傍晚补饲 1 次即可满足雏鸭生长的需求。这样既有效地清除了稻田杂草、害虫等,又充分利用了野生饲料资源,有利于鸭子对饲料的消化,仔鸭容易上膘。成年鸭按“早喂半饱,晚喂足”的原则,每天在早、晚各补饲 1 次,补饲量要适当。如果稻田所养的是蛋鸭品种,在育成期补饲不能过多,以免鸭体重超过标准,造成体内脂肪沉积而过肥,成熟早,产蛋早,蛋重小,开产不一致,会影响以后的产蛋率。育成期与其他时期相比,给予的营养水平宜低不宜高,饲料宜粗不宜精,目的是使育成鸭得到充分锻炼,使蛋鸭长好骨架,而不求长得过肥。但稻田养的是肉鸭品种,则可增加饲喂量,以便使鸭尽快育肥,达到上市标准。

(3)搞好巡田管理。围栏养鸭期间,必须搞好巡田管理。每日利用喂食的机会,查点鸭的数量是否齐全,食欲是否旺盛,生长发育是否正常。发现疾病等情况要及时采取措施。每天要绕田埂走一圈,检查田埂是否崩漏、塌陷,围栏有无破损,有没有鸭外逃或卡在围网上。要加强夜间巡视,以防偷盗、放毒和黄鼠狼等敌害的侵袭。

(4)搞好环境卫生。定期做好鸭舍、水坑的清扫和消毒工作。要经常保持鸭舍的干燥,潮湿的天气里,鸭舍内可铺垫干草。舍内干草每天换 1 次,防止潮湿。鸭舍内水槽和食盆等器具每隔一段时间用 2%的来苏儿消毒 1 次,鸭舍和水坑以及周围场地用 20%的生石灰乳剂进行消毒。水坑的水要经常更换。

3. 稻田养鸭的产蛋期管理

蛋鸭的性成熟早,一般 120 日龄即可开产,早春的绍兴鸭甚至 90 日龄也可开产。如果 4 月中旬蛋鸭孵化,5 月份雏鸭下田,则 9 月份鸭就能迎来第一个产蛋高峰期,此时正处在晚稻的出穗期。

临开产的母鸭处于临近成熟阶段,适当放些公鸭与母鸭共同生活,可引起母鸭的性欲与食欲,促使母鸭的性成熟进程,早日开产。公鸭不能太多,一般每 100 只母鸭可以放进 2~3 只公鸭。由于产蛋鸭的能量消耗大,代谢旺盛,觅食能力强,产蛋后天亮,鸭群就会下田觅食,故此阶段也是利用鸭群灭虫的好机会。但因白天下田时,在母鸭的子宫中已有成形的卵存在,因此,鸭群在稻田中活动时,人不要驱赶和惊吓鸭群。此外,还要注意营养的补充,特别是要补充蛋白质和钙、磷的水平。鸭在产蛋期,除了维持日常生命所需的营养物质外,还需供产蛋所需的营养物质,故在所补充饲料的质量和数量上都需要加强。具体数量要根据鸭体重的情况决定增加或减少喂料量,一般每天的喂饲量要达到 140 克,饲喂次数为 2~3 次。小型蛋鸭的平均体重应维持在 1.4 千克以上。

4. 酌情收鸭

根据水稻的生长情况决定收鸭时间。水稻灌浆后期即可收鸭。收鸭前，对鸭进行空腹称重，根据体重来看鸭群的整齐度，并根据整齐度进行分群，调整饲喂标准。肉鸭体重达到2.8千克时即可直接上市；小于2.8千克的鸭暂时赶入田角水坑饲喂育肥，水坑与鸭舍要用围网围好，以防鸭群再次钻入稻田吃食稻谷，造成水稻减产。蛋鸭体重小于1千克的也要单独进行育肥饲养。其余的鸭赶入包括水坑和鸭舍在内的小围栏中，实行半圈养，有利于提高产蛋量。一般间隔1周左右就要再次进行称重分群。待水稻收割后，鸭群再次围入稻田，觅食遗落的稻谷及野生动植物饲料，有利于鸭快速长膘。

七、稻田围栏养鸭的鸭病防治

稻田养鸭模式中鸭子很少发病，主要原因是稻田水质清新，病原菌少，且放养密度小，利用田埂、围栏天然隔离，病菌不易传播，摄食天然饲料多，鸭群体质健壮，抗病力强。但因露宿于稻田中，环境较为潮湿，且田水浅，夏季温度高，如果管理不善或预防不及时，也可能造成鸭病的发生。鸭病的防治应从提高鸭的肌体抗病力着手，结合实施预防、检查、治疗等综合措施。基本原则是“预防为主，防治结合，防重于治”，综合防疫措施又分为平时的预防措施和发生疫病时的扑灭措施两个方面。

（一）鸭的常见疾病

1.鸭瘟

鸭瘟又叫鸭病毒性肠炎。该病是一种病毒性、急性、高度致死性的传染病。自然条件下，本病主要感染鸭，各种日龄、性别和品种的鸭都有易感性。此病毒通过病禽与易感禽接触而直接传染，也可通过与污染环境的接触而间接传染。一年四季均可发生。健康鸭感染鸭瘟后，一般经2～5天的潜伏期后就出现食欲减退、羽毛松乱、不愿下水、步态不稳、两脚发软、常倒地不起等现象。病鸭体温可高达42～44℃，流泪，腹泻，稀粪呈绿色或灰白色，肛门附近的羽毛被污染或结块。鸭瘟病变特点为全身性急性败血症，如全身的浆膜、黏膜和内脏器官，都不同程度地出现出血斑点或坏死。皮下组织有不同程度的胶样浸润，尤其切开“大头瘟”病例肿胀的皮肤后，立即流出淡黄色透明的液体。舌下部、咽喉周围有坏死假膜覆盖，剥离后有出血点和溃疡灶。

2. 鸭病毒性肝炎

鸭病毒性肝炎是雏鸭的一种传播迅速和高度致死的传染病。本病仅发生在5～10日龄的雏鸭中，主要通过消化道传染。表现为精神委靡，眼睛半闭，打瞌睡，不能随群走动，不久即停止活动，出现神经症状，运动失调，最后呈角弓反张姿态而死亡。病变表现在肝脏肿大，表面有出血斑点，常见有略带红色的变色区或呈斑驳状。

3. 霍乱

鸭霍乱又名鸭巴氏杆菌病或鸭出血性败血症。该病是引起鸭大量发病和死亡的一种接触性、急性败血性传染病。本病的流行无明显的季节性，但以夏末秋初或气候多变的冬季及早春时发病较多，潮湿地区易于发病。本病经消化道传染，病鸭、带菌鸭以及其他病禽的分泌物和排泄物，污染饲料、饮水、用具及场地等，是本病的主要来源，因而稻田养鸭易患此病。鸭霍乱的主要症状分最急性、急性和慢性3类。

最急性型的往往见不到明显症状，多在吃食或吃食后突然抽筋、倒地死亡，或突然死于田边和路边。

急性型的为多见。病鸭常表现精神呆顿，独蹲一隅，食欲减少或废绝，口渴；食道胃状膨大，内部积食或积液，口和鼻流出黏液，呼吸困难，为企图排出积在喉头的黏液，病鸭常摇头，故有“摇头瘟”之称；病鸭两脚瘫痪，不能行走，常在1～3天内死亡。

慢性型的常见于疾病的流行后期，多为急性型转变而来。病鸭表现为一侧或两侧的关节肿胀，局部发热、疼痛，行走困难，跛行或完全不能行走，常见关节腔内蓄积混浊的或灰黄色的黏液。

4. 鸭传染性浆膜炎

鸭传染性浆膜炎又叫鸭疫巴氏杆菌病。此病主要发生在2～3周龄小鸭中，1～8周龄鸭易感，1周龄内雏鸭很少发生。本病一年四季均可发生，冬、春两季较多。主要是通过呼吸道或经皮肤伤口感染，如鸭脚蹼擦伤亦可感染。

最急性病例会突然死亡，无明显症状。

急性病例主要临床表现为嗜睡、缩颈或嘴抵地面，步态蹒跚，不食或少食，眼有浆液或黏性分泌物。部分病鸭腹膨胀、有积水，死前出现神经症状，抽搐死亡，病程1～3天。

慢性病例主要表现为沉郁，困倦，少食或不食，腿软弱不愿行走，停息时多呈犬坐姿势；痉挛性点头或摇头摆尾，前仰后翻；少数病鸭出现歪头斜颈；亦有少数病鸭表现为呼吸困难，张口呼吸，最终消瘦死亡。病理变化为浆膜表面有纤维素性渗出物，主要在心包膜、肝表面和气囊等部位。

5. 鸭寄生虫病

鸭的寄生虫病中以绦虫、吸虫和球虫居多，其中以绦虫对鸭的危害最大。这些寄生虫多以生长在河流、沼泽、水沟和稻田中的鱼类、螺类及水生昆虫等作为中间寄主，而围栏养鸭中鸭常以鱼、螺和昆虫为食，因而极易发生这种病。

(1)绦虫。绦虫有多种，如矛形剑带绦虫、膜壳绦虫、片形皱缘绦虫和假头绦虫等，长度从几厘米到50厘米，用头节带有小钩的吸盘吸钩在肠壁黏膜上，吸取营养，致使鸭营养不良，发育受阻。有的引起腹泻、食欲减退而消瘦。粪便淡绿色，有绦虫节片。绦虫对2月龄鸭危害最大。绦虫节片随粪排出体外，有的落入水中，被剑水蚤等中间寄主吞食，发育成似囊尾蚴，当鸭吃了含有似囊尾蚴的中间寄主，在肠内形成绦虫，危害鸭体健康。

(2)吸虫。鸭的吸虫病主要有棘口吸虫病和后睾吸虫病两种。

前者因鸭吞食了有囊尾蚴寄生的第二中间寄主后，囊尾蚴进入鸭体发育为成虫，寄生于鸭体的肠道而引起的疾病。病鸭表现为食欲减退，消瘦，贫血，生长停滞，幼鸭发病较为严重。

后者是由后睾吸虫科的吸虫寄生在鸭的胆管和胆囊中引起的疾病，对鸭危害较重。主要症状为少食，消瘦，贫血，精神沉郁，不愿行走，最后衰竭死亡。剖检时可见病鸭肝脏肿大，胆囊壁增厚，胆汁浓稠而少。

(3)球虫。鸭球虫病是鸭的一种危害严重的寄生虫病，国外报道死亡率可达80%～100%。病初拉稀便，随后排血便，多数于第4天或第5天死亡，第6天以后，耐过的病鸭逐渐恢复食欲，死亡虽已停止，但发育受阻，增重缓慢。慢陆球虫病病鸭症状不明显，偶尔见有拉稀便，往往成为球虫的携带者和传染源。

6. 鸭中毒病

鸭中毒病指鸭误食有毒物质或过量和较长时间服用某一种药物而引起的疾病。

(1)农药中毒。导致鸭中毒的农药主要有有机磷农药、有机氯杀虫剂、五氯酚钠灭螺药和磷化锌灭鼠药等。病因是鸭误食了喷施过农药的饲料生物。主要症状为病鸭不食，腹泻，流泪，流涎，肌肉震颤和无力，运动失调，站立不稳，呼吸急促，体温下降，倒地抽搐，窒息死亡。剖检时可见胃肠黏膜炎症，黏膜脱落，消化道出血、溃疡，胃内容物有刺鼻的大蒜味，肝、肾肿大，胆囊肿大更为明显。血液不凝，尸僵不全。

(2)肉毒毒素中毒。是因为鸭吃了含肉毒梭菌毒素的食物后而引起的疾病。在炎热的夏季最易发此病。肉毒梭菌广泛分布于自然界，细菌本身不引起疾病，但在腐败的鱼、虾、昆虫、蛆等生物中会产生强大的毒素，如果鸭食含毒素的腐败物质就会引起肉毒毒素中毒。病状为嗜睡，不愿行走，头下垂，颈伸直，头颈着地，软而无力，称为“软颈病”。头颈羽毛容易拔除，翅、腿麻痹，不能站立，最后昏迷而死。

(3)药物中毒。鸭摄入较大剂量的喹乙醇（快育灵）或呋喃唑酮（痢特灵）等都会中毒。

喹乙醇中毒表现为精神沉郁，食欲减少，双翅下垂，行走摇摆，喜卧，严重时瘫痪，衰竭而死。特征性的症状是鸭嘴上喙出现水疱，疱液混浊，水疱破裂后，脱皮龟裂，喙上短下长；单侧或双侧眼失明。

呋喃唑酮中毒病鸭表现兴奋不安，站立不稳，盲目奔走，全身震颤，惊厥鸣叫，口渴抢水喝；随后精神高度沉郁，食欲全无，吐出黄色液体，缩颈，垂头，临死时抽筋。病死鸭肝脏肿胀，肺瘀血，小肠及大肠部分肠段充血、出血，整个肠管浆膜呈黄褐色。

(二)鸭病防治

1. 加强饲养管理，增强鸭的抗病能力

培育健壮的鸭个体，增强鸭对病害的抵抗能力，这是鸭病防治的根本。围栏养鸭过程中关键要重视雏鸭的饲养。因为许多传染病如小鸭病毒性肝炎、鸭霍乱等都可通过引进雏鸭或种鸭带入，故购鸭时一定要了解供鸭场的疫病发生情况，千万不要从发病场、发病群或有刚刚病愈鸭的鸭群引入。刚引入的雏鸭要先隔离饲养，

不要混群，约2周以后，无任何传染病或寄生虫时，方可混群饲养。同时，要做好免疫接种工作，提高鸭对目标病害的抵抗力，这是预防和控制鸭传染性疾病的可靠又经济的方法。

搞好环境卫生及消毒工作，也是防止疾病传播的重要措施。鸭舍及鸭场要经常保持清洁卫生。消毒工作要和清整环境同步进行，消毒范围包括鸭体表、鸭舍及其周围场地、食盆等器具、水坑及稻田等。消毒前要先进行机械性清除，如清扫、铲除、洗刷等，这是使用消毒剂前必需的基本工作。消毒方法可分以下几种：一是物理学消毒。是指利用阳光照射、干燥、火焰焚烧、煮沸等方法来杀灭病原微生物。二是生物学消毒。如将粪便、垃圾、垫草等物堆积发酵发热，来杀死无芽孢的细菌、寄生虫虫卵等。三是化学消毒。是指利用化学制剂破坏微生物的化学结构，损坏微生物正常代谢的物质基础，致使病原体死亡。此法使用较广泛，效果较好。消毒剂应根据不同的消毒对象有针对性地选用。可采用2%～50%来苏儿溶液、石灰水、氢氧化钠、草木灰、高锰酸钾及漂白粉等。具体使用方法如下：

(1)来苏儿。5%的溶液可用于鸭舍、鸭场、器具、粪便等的消毒，2%的溶液可用于鸭体表消毒。使用来苏儿可杀死一般细菌及某些病毒。

(2)生石灰。常配成10%～20%的生石灰水，趁热刷洗、喷洒，可用于地面、稻田、鸭舍及粪便的消毒。

(3)氢氧化钠。常配成2%的溶液喷洒，对细菌、病毒具有很强的杀灭能力。

(4)草木灰。15千克草木灰加水50升煮沸1小时，去渣取浸出液洗刷、喷洒被消毒的场所及用具。

(5)高锰酸钾。可配成0.1%～0.5%的浓度，用于黏膜剖面或饮水消毒。

(6)漂白粉。用粉剂或5%～20%的溶液消毒场地、水坑、粪便，用0.5%的溶液做食盆、水槽等用具表面消毒，用1 000毫升水加0.3～1.5克漂白粉做饮水消毒。

(7)碘酊。配成2%的浓度，用于皮肤等的消毒。

除了做好防疫工作和环境、用具消毒以外，还需加强鸭的营养管理，除让鸭采食人工繁殖的田中生物饲料外，还要适时补饲。补饲的饲料配合要得当，营养要齐全，饲喂要及时，饮食要清洁。同时，要保持鸭舍内适宜的温度、湿度、光照和通风，地面要干燥，尽量减少不良因素的刺激。生长良好的鸭子可避免发生营养性疾病，也有利于充分发挥注射疫苗的免疫效力。

2. 鸭的卫生防疫程序

为保证鸭正常生长，不受大的病害侵袭，就要定期给鸭接种疫苗进行防疫。鸭的卫生防疫程序一般如下。

(1)初生雏鸭。1日龄时皮下注射蛋黄匀浆，每只用量0. 5～10毫升。可降低小鸭病毒性肝炎死亡率，具有制止疾病流行和预防发病的作用。蛋黄匀浆可自制。制作方法是：选取对肝炎病毒具有免疫力的母鸭新产的蛋，取其蛋黄搅拌成匀浆，用每毫升含青霉素1 600国际单位和链霉素2 000国际单位的灭菌生理盐水，取1个蛋黄匀浆稀释到250毫升，即可应用。1月龄雏鸭也可注射鸡胚化鸭瘟弱毒疫苗(北方地区可免注射)，用生理盐水稀释50倍，每只雏鸭皮下或肌内注射0.1毫升。注射后3～5天产生免疫力，免疫期约1年。

(2)2～3月龄鸭注射禽霍乱731弱毒菌苗，对2月龄以上的鸭群，免疫期可达3个半月。或注射禽霍乱氢氧化铝甲醛菌苗，肌内注射1次2毫升，免疫期3～6个月。由于霍乱菌苗保存期短，除注意菌苗保存条件及有效期外，要确保注射质量，尤其在当地有疫情时，要间隔10天左右连续注射2次。注射前可先用弱鸭进行试验，以备在大群注射菌苗时适当加大菌苗用量。对初生时没有注射过鸭瘟疫苗的鸭，在3月龄时可注射鸭瘟弱毒疫苗，用灭菌蒸馏水稀释200倍，每只鸭肌内注射1毫升。

(3)开产前1个月鸭(肉鸭120～130日龄，蛋鸭约100日龄)连续2次(间隔10天左右)给每只母鸭皮下或肌内注射小鸭肝炎疫苗1～1.5毫升，可使母鸭产生抗体并维持1～1.5年。每只鸭肌内注射禽霍乱氢氧化铝甲醛菌苗2毫升。母鸭接种后，抗体经卵传给雏鸭，使雏鸭获得母源抗体，可得到2～3周的保护，但2～3周后的雏鸭仍可发病。

3. 主要鸭病的防治方法

(1)鸭瘟。本病无特效药物可供治疗。因鸭瘟属外源性疾病，故预防此病首先应避免从疫区引进鸭苗、种鸭及种蛋，有条件的地方最好自繁自养。其次不能到疫区去放牧鸭群。

对已发生鸭瘟的鸭群，可立即采取紧急注射鸭瘟疫苗。注射时先给表面假定健康的鸭注射，而后再给有症状的鸭注射，要做到1鸭1针。病死鸭应集中以高温处理或深埋，对污染的场地及用具用10%石灰水、2%氢氧化钠或其他消毒液彻底消毒，防止病原散播。

(2)鸭病毒性肝炎。自繁自养、彻底消毒是预防本病的积极措施，但要大幅度降低发病率和死亡率，还必需依靠接种疫苗免疫。本病耐过鸭能产生坚强免疫力，血清中有中和抗体，可采用在母鸭开产前1个月，给种鸭注射鸭肝炎疫苗，种鸭免疫后可保证后代得到较高水平的免疫抗体。种鸭未经免疫，雏鸭无母源抗体，可在雏鸭1～3日龄时经皮下或肌内注射0.5～1毫升鸭肝炎弱毒疫苗(稀释后剂量)或卵黄抗体进行被动免疫。另外，对正在发病的雏鸭，可注射高免血清或康复鸭血清，每只皮下注射0.5毫升；若用高免蛋黄匀浆，则每只鸭皮下注射1毫升，可降低死亡率，制止病害的流行。

(3)鸭霍乱。防治此病除加强饲养管理和注射鸭霍乱菌苗外，可进行药物治疗。主要是使用磺胺类药物，如磺胺嘧啶、磺胺二甲嘧啶、磺胺异噁唑、磺胺甲基嘧啶，按0.4%～0.5%混于饲料中喂。或用其他钠盐，按0.1%～0.2%溶于饮水中，连服3～5天。磺胺二甲氧嘧啶按0.05%～0.1%混于饲料中喂。复方新诺明按0.02%混于饲料中喂服，均有良好的防治效果。但在鸭产蛋期要慎用磺胺类药物，用后对产蛋量有明显影响，如连续喂给3～5天，产蛋率将下降40%左右。因此，产蛋鸭可用抗生素药物，如土霉素按0.5%～0.1%混于饲料或饮水中喂服，连续用3～5天，可收到良好疗效。鸭群数量少时，可逐只注射青霉素防治，每只每天注射2 000～5 000国际单位，1次或分3次注射。必要时，也可采用喹乙醇治疗，按每千克鸭体重30毫克(鸡、鸭对本品较敏感，口服50毫克/千克体重，鸡会死亡，故一般家禽禁用)的剂量拌于饲料中喂服，每天1次，连用3～5天即可获得良好的疗效。

(4)鸭传染性浆膜炎。预防此病主要通过3个途径：首先要改善育雏室的条件，保证通风、干燥、保温、清洁。其次进行药物防治。目前可采用氯霉素或土霉素进行防治。在发病前用低剂量的氯霉素拌料饲喂，有一定的预防作用。治疗本病，可用0.05%的氯霉素拌料饲喂，连喂3～5天，能减少发病和死亡率。最有效的措施是免疫注射，可用福尔马林灭活苗、氢氧化铝胶灭活苗、油乳佐剂苗、弱毒苗等。福尔马林灭活苗经皮下注射1周龄雏鸭，可获得86.7%的保护率；氢氧化铝胶灭活苗皮下注射1周龄雏鸭，剂量为1毫升，也可保护鸭度过最易感病的3～4周龄；油乳佐剂苗经皮下注射8日龄雏鸭，剂量为1毫升，在免疫后1～2周内保护率可达100%。此外，还可用鸭疫巴氏杆菌和大肠杆菌苗进行注射。

(5)鸭寄生虫病。寄生虫对鸭体有一定危害，田间养鸭驱虫很有必要。驱虫最有效的方法是用槟榔煎水内服，剂量按每千克鸭体重用槟榔 1.5 克，加清水 10 倍，煎至原剂水量的 1/3，用胶管灌入鸭食道内。喂后注意观察，半小时后如发现鸭流涎、麻痹或呼吸急促，则为药量过大，应立刻给鸭注射 0.2 毫升硫酸阿托品解毒。喂药后将鸭关起来，2 小时后虫体就会大量被排出，清扫粪便集中虫体烧毁。也可用吡喹酮治疗，每千克鸭体重口服 10～30 毫克。若用硫双二氯酚，每千克鸭体重口服 200 毫克。

(6)鸭中毒。若为农药中毒，可用 0.05%阿托品注射液进行皮下注射，每次 0.2～0.5 毫升。解磷定，每千克鸭体重 10～20 毫克，用生理盐水或葡萄糖水稀释后，静脉或肌内注射。防治肉毒毒素中毒的措施为：避免鸭群接触腐败食物，放牧地如有腐败鱼类或其他动物尸体，要及时清除和进行消毒处理；变质饲料不能饲喂。治疗可用肉毒梭菌 C 型抗毒素，每只鸭注射 2～4 毫升。其他抗菌药物无效。药物中毒往往是因用药时间过长，剂量太大所致。当发现有一中毒症状时，应马上停止服药，同时喂给 1%～5%苏打水，并给鸭供应清水，让鸭自由饮用，可缓解症状。中毒严重者可肌内注射维生素 C 500 毫克/5 毫升和维生素 B_1 10 毫克/2 毫升混合液，每只鸭 0.5 毫升，每日 1 次。

八、稻田围栏养鸭关键技术综述

(一)养鸭关键技术

1. 雏鸭防冻

由于春季气温变化幅度较大，雏鸭容易受到低温危害而发病。特别是在种植双季稻地区，早稻移栽期一般在 4 月中旬至下旬，雏鸭投放到大田的时期在 4 月下旬至 5 月上旬。

为了能够适时投放鸭子，必须在 4 月中旬孵出雏鸭。雏鸭孵出初期，抵抗力弱，最易受低温影响而发病。为了提高雏鸭饲养期的成活率，必须做好保温工作，特别是在寒潮期间，更应引起高度重视。可以采取 2 种方式保温：一是采用工程措施，集中 100 只以上的雏鸭保温，包括设置保温灯及饲喂配合饲料等；二是小规模分散饲养，即农户在家中饲养几十只。必须在密封条件好的房间内铺垫干燥的稻草，并采取增温措施，做到勤换草，换干草。

2. 鸭子防病

鸭子最重要的病害是鸭瘟，可导致毁灭性危害。最有效的防治措施是注射疫苗，可从根本上杜绝病害发生。一般在鸭子下大田之前接种疫苗，必须保证鸭子的接种率达到 100%。鸭子接种 1 次以后，一般可保证它不再发生鸭瘟。

3. 提高母鸭产蛋率

提高母鸭产蛋率是提高稻鸭生态种养经济效益的重要手段。在生产实践中，常出现雌雏鸭饲养到产蛋期时仍不产蛋，其原因是多方面的，如遗传因素和环境不适等。但常见的最重要的原因是由于蛋白质饲料，特别是动物类蛋白质饲料摄入量不足，影响其产蛋。因此，必须注意从雏鸭期就开始补充蛋白质饲料，特别是在产蛋期，更应注意补充足够的蛋白质饲料。补充的饲料有多种品种可选择，如小鱼、小虾、蚯蚓、绿萍、玉米、大豆等。

(二)种稻关键技术

1. 过好返青立苗关

水稻移栽后，即进入返青期。返青立苗快，既可保证水稻的丰产，又能为鸭子提早下田创造条件。抛秧田返青较快，为了发挥这一优势，要注意避免在雨天抛秧，尽量抢晴天抛秧。抛秧后，加强灌溉管理，做到"晴天半寸水，阴天看得见水，雨天少积水"。手栽田，返青期相对较长，除在灌溉上按抛秧田的要求外，还应注意提高栽秧质量，防止出现"烟斗秧"、"浮蔸秧"、"漂蔸秧"。还应注意早施返青分蘖肥，促进早发快长。

2. 防治稻纵卷叶螟

稻纵卷叶螟是水稻重要害虫，主要为害剑叶，但有时也为害下部叶片。由于稻纵卷叶螟为害部位较高，鸭子难以完全控制，鸭子只能减轻其为害，而不能杜绝其为害。防治稻纵卷叶螟，可区别 2 种情况对待：一是发生时期较迟，取食面积不大，而且水稻长势繁茂，可考虑不施用化学农药补治。这是因为稻纵卷叶螟取食一部分水稻叶片后，稻株下部的叶片会产生补偿作用，水稻产量不会受到明显影响。二是发生比较严重，可酌情喷施高效低毒农药防治。

3. 防治水稻纹枯病

水稻纹枯病是水稻的重要病害，特别在水层灌溉的条件下，田间湿度大，病害常严重发生，影响水稻产量。防治水稻纹枯病，稻田养鸭本身有非常明显的作用，主要有 3 个方面的原因：一是鸭子取食枯叶，减少了发病的基质；二是鸭子在田间穿行，起到了通风的作用，可防止纹枯病发生；三是鸭子在水稻株丛间的活动，使水稻植株基部糊上一层稀泥，可阻止纹枯病的发生。为了从根本上杜绝水稻纹枯病的发生，可从 3 个方面采取措施：一是选用抗纹枯病的品种；二是适量施用氮肥，特别要防止偏施氮肥；三是抛秧或移栽的密度不能过大。

参考文献

[1]王国忠，等. 北方水稻高产栽培实用技术. 北京：中国农业大学出版社，2013.

[2]黄友德，等. 图解稻田养鱼蟹. 南宁：广西科学技术出版社，2009.

[3]黄璜，等. 稻田围栏养鸭. 北京：金盾出版社，2003.

[4]何中央，等. 稻田养蟹新技术. 杭州：浙江科学技术出版社，2000.